Dieu de l'univers

DU MÊME AUTEUR

Les Médicaments, collection « Microcosme », Seuil, 1969.

Évolution et sexualité des plantes, Horizons de France, 2e éd., 1975 (épuisé).

L'Homme renaturé, Seuil, 1977 (Grand prix des lectrices de *Elle*. Prix européen d'Écologie. Prix de l'académie de Grammont) (réédition 1991).

Les Plantes : amours et civilisations végétales, Fayard, 1980 (nouvelle édition revue et remise à jour, 1986).

La Vie sociale des plantes, Fayard, 1984 (réédition 1985).

La Médecine par les plantes, Fayard,1981 (nouvelle édition revue et augmentée, 1986).

Drogues et plantes magiques, Fayard, 1983 (nouvelle édition).

La Prodigieuse Aventure des plantes (avec J.-P. Cuny), Fayard, 1981.

Mes plus belles histoires de plantes, Fayard, 1986.

Le Piéton de Metz (avec Christian Legay), éd. Serpenoise, Presses universitaires de Nancy, Dominique Balland, 1988.

Fleurs, Fêtes et Saisons, Fayard, 1988.

Le Tour du monde d'un écologiste, Fayard, 1990.

Au fond de mon jardin (la Bible et l'écologie), Fayard, 1992.

Le Monde des plantes, collection « Petit Point », Seuil, 1993.

Une leçon de nature, l'Esprit du temps, diffusion PUF, 1993.

Des légumes, Fayard, 1993.

Des fruits, Fayard, 1994.

Jean-Marie Pelt

DIEU DE L'UNIVERS

Science et foi

Fayard

En communion avec mes parents,
qui m'ont quitté il y a bien longtemps.

« Tu es vraiment saint Dieu de l'Univers
et toute la Création proclame ta louange,
car c'est toi qui donne la vie. »

Prière de la messe
(Canon n° 3)

« Que rien ne te trouble
que rien ne t'épouvante
Tout passe...
La patience obtient tout...
Dieu seul suffit »

Thérèse d'Avila

Avant-propos

Ce livre, destiné à tous, est plus particulièrement dédié aux scientifiques, aux responsables politiques, aux professionnels des médias qui ont en charge la marche du progrès. Mais il s'adresse aussi aux responsables religieux qui veillent au progrès des âmes ; et ce n'est pas le même progrès...

Il voudrait suggérer simplement aux premiers de s'arrêter, ne serait-ce qu'un instant ; de descendre du train emballé du progrès pour regarder alentour ; de prêter l'oreille aux plaintes qui montent d'une nature épuisée, d'hommes et de femmes harassés, désorientés par cette fuite en avant éperdue qu'il leur impose et qui les annihile peu à peu, effaçant tous points de repère dans la conduite responsable de leur existence.

Ce sont de tels repères que nous proposons ici en partant d'une hypothèse scientifique relative aux aptitudes spécifiques des deux hémisphères de notre cerveau : le droit, plus mystique ; le gauche, plus rationnel. On nous reprochera peut-être d'axer notre démonstration sur ce seul critère ; mais il permet, comme on le verra, maints développements enrichissants ; il a aussi valeur de métaphore – et de métaphore fort instructive.

Tout au long de la rédaction de cet ouvrage, il m'est arrivé de ressentir la majestueuse puissance de la vie, qui ne saurait se réduire au seul ADN. La vie est riche de paradoxes, chaque affirmation à son sujet appelle tantôt son contraire, tantôt des nuances et des correctifs, comme si cette vibration d'une complexité inouïe défiait les possibilités du cerveau lui-même, qui en est pourtant l'élément le plus accompli. Toute simplification didactique fausse le réel : d'où l'attitude de profonde modestie de cette approche qui voudrait contribuer à une réconciliation entre le monde de la science et celui de la foi, entre science et transcendance.

Ce livre est aussi dédié à celles et ceux qui s'interrogent sur le sens de la vie lorsqu'elle est privée de valeurs, de références, de points de repère. Pour tenter de répondre à ce genre de questions, nous avons sciemment transgressé cette règle non écrite de la littérature contemporaine qui tient en forte suspicion le mélange des genres et des disciplines. L'histoire fait ici bon ménage avec la science, la biologie avec l'astrophysique ; il advient que s'y ajoutent quelques éléments de philosophie et de théologie, le tout sans prudence et, espérons-le, de manière cohérente. Je sais que l'esprit de modernité est réfractaire aux synthèses et préfère le confort des approches analytiques et réductionnistes ; il est de surcroît de plus en plus hermétique à la spiritualité, et plus encore à la mystique. Aussi demanderai-je aux « médiateurs » qui rece-

vront d'abord ce livre une « indulgence plénière » afin qu'ils ne le classent pas avant de l'avoir feuilleté et ne le condamnent pas avant de l'avoir « entendu ».

Mûri durant de longues années de réflexion et de travail en vue d'ébaucher quelques éléments de synthèse dans le domaine très évolutif des relations entre la science et la foi, cet essai voudrait humblement contribuer à l'éclosion d'un nouvel humanisme : humanisme écologique éclairé comme du dedans par une nouvelle approche du problème de Dieu ; humanisme de paix et de réconciliation entre Dieu et l'homme, mais aussi entre les hommes eux-mêmes, afin de préserver la notion et l'existence même d'un avenir.

Il est à peine temps, car déjà sonne la vingt-troisième heure ! Il ne nous reste qu'une heure, une seule, pour tout revoir, tout repenser, tout reconstruire en faisant, dans nos têtes et dans nos cœurs, table rase des idées fausses et des erreurs qui nous précipitent dans les pires dérives, vers les plus tragiques catastrophes. Saurons-nous être les ouvriers de la dernière heure à qui tout fut pardonné, y compris leur retard ? En lieu et place d'un monde de compétition sans compassion ni miséricorde, dur et cruel aux faibles, saurons-nous enfin construire un monde réconcilié et convivial ?

Il n'est que temps d'écarquiller les yeux et de se réveiller très vite !

En commençant par l'essentiel, qui est de l'ordre de l'esprit et du cœur.

J.-M. P.

CHAPITRE PREMIER

Une jeune femme très âgée

Le 30 novembre 1974, les membres d'une expédition franco-américaine en Afrique, conduite par l'anthropologue français Yves Coppens, mirent au jour le squelette d'une jeune australopithèque, « Lucie ». Lucie ne mesurait guère plus d'un mètre ; elle était morte à l'âge de vingt-deux ans, il y a environ 3,2 millions d'années. À cette époque, ses frères de race peuplaient l'Afrique de l'Est. Le soir même de cette découverte, le magnétophone de l'expédition diffusait un « tube » des Beatles, *Lucy in the sky with diamonds* : c'est pourquoi on baptisa le squelette fossile « Lucie ». Il devint si célèbre qu'il finit par supplanter le titre des Beatles[1].

1. Une quarantaine de morceaux d'os appartenant à dix-sept individus différents, dévorés par des carnassiers et vieux de 4,4 millions d'années viennent d'être mis au jour en Éthiopie. Ces nouvelles découvertes permettront peut-être de mieux préciser l'époque où la lignée des hominidées s'est séparée de celle des singes il y a sans doute entre six et huit millions d'années (*Le Monde*, 23-24 septembre 1994).

Le crâne de Lucie était quatre fois plus petit que celui d'une femme actuelle. On aurait pu penser qu'il allait falloir encore un laps de temps très long pour façonner le crâne de notre espèce, dont la capacité moyenne est de 1 330 cm^3. Or, ce stade fut atteint avec une rapidité exceptionnelle : trois millions d'années suffirent – durée très courte pour les paléontologues – pour passer de l'australopithèque Lucie à l'homme contemporain.

Ce phénomène d'accroissement du cerveau remonte en fait bien au-delà des origines de l'homme. Selon le paléontologue Russell, depuis les poissons du silurien, vieux de 400 millions d'années, en passant par les dinosaures, puis par les mammifères, le cerveau n'a cessé de croître, sans doute d'un facteur 10, de manière à peu près régulière. Puis son accroissement s'accélère puissamment au cours de l'évolution du genre *homo*, ainsi que nous venons de le voir. Ce formidable ordinateur, constitué d'environ 100 milliards de neurones – autant que d'étoiles dans notre Voie lactée –, doué de possibilités d'interconnexions défiant l'imagination, est à l'origine de toutes les performances, de tous les succès, mais aussi de tous les risques qui caractérisent notre espèce.

Les dernières décennies ont été marquées par de formidables avancées dans le domaine de la neurobiologie. L'étude du cerveau, en particulier, a fait l'objet d'innombrables travaux dont la psychologie et la psychiatrie ont largement bénéficié.

D'après le neurophysiologiste américain Paul Mclean, le cerveau humain serait en quelque sorte le fruit des acquisitions successives correspondant à toutes les grandes étapes de l'évolution du monde animal. S'exprimant par un raccourci saisissant, il considère le cerveau humain comme résultant de la superposition de trois cerveaux : celui des reptiles (l'hypothalamus ou « cerveau reptilien »), celui des mammifères (le système limbique), et le cerveau proprement humain (l'écorce cérébrale ou néocortex). Naturellement, ces trois cerveaux fonctionnent en étroite interrelation, l'ensemble formant un système cybernétique d'une complexité inouïe qui est loin de nous avoir livré tous ses secrets[1].

Le cerveau reptilien contient, si l'on peut dire, l'« intelligence » des serpents et des tortues ; comparée à celle de l'homme, elle paraît fort limitée ; elle se réduit à quelques pulsions primitives, « instinctives », échappant à toute volonté consciente et assurant héréditairement la survie de l'individu et de l'espèce. Ce cerveau est parfaitement inapte à tout apprentissage ; il se contente de programmer d'une façon réflexe quelques conduites élémentaires, stéréotypées et innées de nutrition, de défense et de reproduction.

Le cerveau hérité des mammifères colore d'émotions et met en mémoire les pulsions du cerveau reptilien ; il est le siège des sensations de joie, d'amour, de peur, de colère, entraînant des

1. Roger Klaine, *L'Homme et la nature* (communication personnelle).

comportements mieux adaptés aux situations, plus souples, que les réponses strictement stéréotypées du cerveau reptilien. En somme, le cerveau limbique est essentiellement le siège des émotions et des affects.

L'homme partage avec les primates les plus évolués son troisième cerveau : le néocortex, qui recouvre les deux précédents et fonctionne en relations étroites avec eux. Mais, chez l'homme, la partie frontale du néocortex s'est développée de façon significative : c'est celle-ci qui lui permet des performances dont le chimpanzé, le gorille ou l'orang-outan seraient bien incapables. Seul l'homme est capable de développer un monde intérieur, un univers psychique propre à l'espèce. Ici s'élaborent des hypothèses, s'imaginent des solutions, se créent des comportements qui, désormais, deviennent conscients et volontaires. Par là, notre cerveau est à la fois et paradoxalement éminemment conservateur et novateur.

Mais il convient à présent d'explorer le tout dernier étage du cerveau et de tenter de dégager ce qui paraît bien être le propre de l'homme.

Certes, ce qui est propre à l'homme, c'est d'abord son néocortex si spécifique, mais c'est aussi l'organisation de son système limbique, qui manifeste des évolutions hautement significatives. Comme le signale John C. Eccles[1], prix Nobel de Médecine, les noyaux du système

1. John C. Eccles, *Évolution du cerveau et création de la conscience*, Fayard, 1992.

limbique responsables du plaisir et des comportements amicaux ont manifesté, au cours de l'évolution du singe à l'homme, un accroissement plus important que celui des noyaux responsables de la colère et de l'agressivité. Un plus haut degré de sociabilité semble donc s'inscrire dans les structures que nous avons hérité des mammifères supérieurs. Cette caractéristique, nous semblons la partager, par exemple, avec les dauphins, qui témoignent eux aussi de comportements compatissants envers l'un des leurs lorsque celui-ci est blessé. Ce n'est pas le cas des primates, y compris même des plus évolués, comme les chimpanzés.

Les premières manifestations d'un comportement altruiste chez les hominidés s'expriment par la capacité de partager la nourriture sur un lieu de vie communautaire. Dans le monde animal, la règle veut en effet que le plus fort se serve le premier. Significative aussi de cette montée de l'altruisme dans les comportements des hominidés est l'apparition de rites funéraires : ceux-ci expriment l'intérêt porté à autrui non plus seulement de son vivant, mais aussi après sa mort. On en trouve déjà trace, il y a plus de 80 000 ans, chez l'homme de Néanderthal. Mieux encore : l'homme a réussi à freiner son agressivité, à faire montre d'attitudes réclamant courage et ténacité, qualités qui reposent très probablement sur une agressivité contrôlée, ainsi que le constate également John C. Eccles.

Dieu de l'univers

L'homme possède donc la capacité de s'extraire et de s'élever au-dessus de la condition animale grâce aux structures spécifiques de son cerveau.

CHAPITRE II

Les deux hémisphères

Comme une noix ou une mappemonde, le cerveau comporte deux hémisphères ; ces hémisphères ont chez l'homme une particularité spécifique : leur asymétrie. Rien de tel chez les singes, par exemple, qui utilisent indifféremment la main droite ou la gauche : ils sont ambidextres. En observant les conséquences de lésions cérébrales accidentelles ou chirurgicales, ou en procédant à une séparation radicale des deux hémisphères par section du corps calleux (le « pont » qui les relie), les neurophysiologistes ont été amenés à se faire une représentation différente – fonctionnelle plutôt que structurelle – des deux hémisphères. C'est au prix Nobel de Médecine américain Roger Sperry[1] que l'on doit les synthèses les plus complètes sur ce sujet, si largement débattu depuis deux siècles, des fameuses « localisations cérébrales ».

1. J. Lévy, C. Trevarthen et R.W. Sperry, *Brain*, 1972, n° 95, p. 61.

Si la loi de l'unité dans la diversité semble bien s'appliquer à l'univers tout entier, elle vaut encore plus rigoureusement pour le cerveau humain dont le développement est le résultat d'une lente phylogenèse et d'une longue ontogenèse. Si nous avons tous hérité d'un cerveau lentement maturé par les reptiles, les mammifères, les primates et nos ancêtres hominidés, chacun de nous a aussi modelé son propre cerveau en fonction des événements de son histoire, de sa culture et des environnements qui ont contribué à le faire tel qu'il est. Cette première constatation rend quelque peu aléatoire toute systématisation concernant le fonctionnement du néocortex. Chacun des neurones a, de surcroît, la possibilité de multiplier les interconnexions avec d'autres cellules nerveuses du cerveau, tant et si bien qu'une systématisation du principe des localisations aussi rigide, stricte et immuable que celle qui fixe l'emplacement des organes dans notre corps doit être reçue avec une extrême prudence.

Le cerveau possède en effet une propriété paradoxale : il dispose d'un stock de neurones acquis dès le départ, stable et permanent durant toute la vie humaine, qui échappe ainsi à la loi commune des cellules condamnées à se reproduire, à se renouveler et à se remplacer (ce qu'elles font dans tous nos organes) ; chacun de ces cent milliards de neurones est doté de dix mille connexions possibles ; l'immuabilité du nombre des neurones est donc compensée par une incroyable capacité d'interrelations, d'interconnexions qui font du cerveau le siège d'un phénoménal foisonnement d'associations, unique en son genre dans la nature. D'où l'étonnante aptitude de tant de traumatisés du cerveau à récupérer des fonctions perdues, puis peu à peu réémergeantes.

Ces remarques liminaires et restrictives concernant ce qu'on appelait jadis les « localisations cérébrales » étant posées, il n'en reste pas moins qu'un certain nombre de faits peuvent être désormais considérés comme acquis.

De l'hémisphère gauche relèvent la production et la compréhension du langage. Le célèbre physiologiste français Broca doit sa renommée à M. Leborgne, dit *Tantan*, qui, pendant vingt et un ans, bien qu'il possédât toutes ses facultés intellectuelles, ne put jamais prononcer que cette seule syllabe : « tan ». Lorsque *Tantan* mourut en 1861, relate Jean-Pierre Changeux[1], l'examen de son cerveau révéla que la perte de la parole était liée chez lui à une lésion du lobe frontal gauche. Ainsi fut définie la fameuse « *aire de Broca* » dont d'autres « *Tantan* » confirmèrent par la suite la validité.

L'hémisphère droit assure quant à lui le traitement des données visuelles complexes ; c'est à lui que nous devons de pouvoir reconnaître d'emblée un visage sans qu'il soit nécessaire d'en détailler tous les traits. Le cerveau droit saisit donc les informations globalement et en fait la synthèse ;

1. Jean-Pierre Changeux, *L'Homme neuronal*, Fayard, 1983.

il est aussi le seul à se révéler performant pour la perception de la musique.

Les deux hémisphères sont donc caractérisés par leurs spécialités respectives et par un mode de traitement spécifique de l'information recueillie par les sens. Naturellement, comme le souligne le neurophysiologiste Hecaen, « les performances sont nettement supérieures quand les deux hémisphères coopèrent, plutôt que si un seul d'entre eux fonctionne, même si c'est dans la tâche pour laquelle il est spécialisé[1] ». En bref, tous deux peuvent plus ou moins se remplacer grâce aux liaisons assurées entre eux par des fibres du « pont » qui les relie : le corps calleux ; ils fonctionnent ordinairement de concert et leurs performances potentielles s'en trouvent accrues.

Toutefois, ces deux hémisphères semblent bien aussi fonctionner de manière différentielle en ce qui concerne le psychisme humain. Telle est en tout cas l'idée qui s'est imposée à partir des années 60. L'hémisphère gauche joue un rôle important dans le développement de la pensée analytique abstraite, en particulier dans les opérations du langage conceptuel. Il est le siège de la pensée logique, qui traite les informations sur le mode séquentiel ou oppositionnel, celui de la connaissance discursive et du traitement abstrait des données. Le cerveau droit, lui, fonctionnerait

1. Hecaen, « La Dominance cérébrale », *La Recherche*, 1977, n° 76, p. 238-244.

de manière analogique, saisissant intuitivement les liens entre les éléments constitutifs d'un tout, usant de métaphores, appréhendant d'emblée le sens des mythes et des symboles. Bref, si le cerveau gauche est par essence plus analytique, le cerveau droit, au contraire, est plutôt synthétique. On dirait du premier qu'il est rationnel, qu'il tire des conclusions fondées sur des faits et des raisonnements, et que le second, intuitif, embrasse la réalité dans sa globalité. En poussant cette opposition au risque de paraître excessivement schématique, on pourrait différencier le cerveau gauche du droit par toute une collection de couples de concepts dont le premier désignerait le gauche et le second le droit : déductif/imaginatif, intellectuel/sensuel, rationnel/métaphorique, analytique/relationnel, linéaire/synthétique, hiérarchique/anarchique, rationalisant/intégrant, explicite/tacite, analytique/holistique, séquentiel/multipolaire, rationnel/intuitif, détaillé/global, objectif/subjectif, réductionniste/englobant, etc. S'exprimant à ce sujet, le neurophysiologiste français François Lhermitte a noté : « Il existe une pensée sans langage, une pensée qui précède et dépasse le langage, je veux parler de la créativité, qu'il s'agisse de l'idée nouvelle, de l'imaginaire, de la création artistique, de la puissance émotionnelle du souvenir, de la pensée mathématique. Elle n'a évidemment pas pour seul support l'hémisphère droit, car le cerveau tout entier y participe[1]. » Or ces qualités, qui sont plus précisément celles de l'hémisphère droit, se sont manifestées chez des individus aussi divers que Jules Verne, Picasso ou Einstein. Ce dernier a d'ailleurs maintes fois insisté sur le processus non verbal de sa pensée : ses concepts en physique fondamentale se manifestaient d'abord sous la forme de « signes et d'images plus ou moins clairs », qu'il s'efforçait d'associer. Ce n'est qu'au stade suivant, soulignait-il, qu'il lui fallait « chercher laborieusement des termes et des signes conventionnels pour les exprimer ». Ainsi, s'il associait dans sa démarche les caractéristiques du cerveau gauche et du cerveau droit, ce dernier se manifestait le premier. Quant à l'imagination débridée d'un Jules Verne ou à la créativité éruptive d'un Picasso, elles seraient également liées à un développement particulièrement important du cerveau droit, ajoute le professeur François Lhermitte[2].

Bref, le réel semble accessible à l'homme par deux voies : l'approche poétique, intuitive et mystique, et l'analyse discursive, rationnelle et scientifique. Le cerveau gauche fonctionnerait comme les ordinateurs, qu'il a d'ailleurs créés à son image, selon le mode « oui/non » ; l'hémisphère droit, en revanche, est le siège de l'esprit de syn-

1. In Martine Alain-Regnault, « Nos deux cerveaux », *Science et Avenir*, 1981, n° 418, p.28-33.
2. François Lhermitte, « Le cerveau et la pensée ; la pensée sans langage », *Science et Avenir*, 1977, hors série n° 17.

thèse, de la pensée systémique ou globale, de l'expression artistique et de l'intuition.

Apte à décortiquer les versions latines ou les problèmes de math, l'hémisphère gauche est logique, rationnel, cartésien ; il dissèque, analyse, soupèse ; il s'exprime par des signes, des chiffres, des lettres. Plus masculin que féminin – c'est du moins ce qu'on disait jadis –, il engendre la science. En Occident, il semble frappé depuis quelques siècles d'une formidable hypertrophie qui a modelé le monde contemporain avec ses merveilleuses (mais parfois diaboliques) innovations technologiques.

Le cerveau droit, au contraire, excelle dans l'approche synthétique et concrète du réel ; naturellement plus sensible à l'unité profonde de l'univers, il analyse moins qu'il ne ressent ; les arts, la musique sont ses expressions familières. Ignorant les chiffres et les lettres, il s'exprime par des symboles, des images ; il parle le langage des fables, des légendes, des mythes, des paraboles et des prophéties. Comme on l'observe dans *Le Petit Prince* de Saint-Exupéry ou chez La Fontaine, il échappe aux limitations d'espace et de temps, et exprime dans un langage simple et fort, sans âge, des vérités qui relèvent de la sagesse des nations.

Cette asymétrie, cette latéralisation des deux hémisphères en « gauche » et en « droit », exprime à l'évidence une simple loi de tendances, en aucun cas une localisation nécessaire et univoque des facultés psychiques. Répétons-le : tous deux fonctionnent normalement en étroite synergie, et même si ces tentatives de localisation des grandes fonctions, proposées par nombre de neurobiologistes éminents, devaient un jour se révéler obsolètes, elles n'en conserveraient pas moins une valeur métaphorique certaine dans la mesure où il est aisé de distinguer, dans les comportements et les modes de fonctionnement de l'esprit humain, cette double sensibilité dont l'harmonie seule paraît engendrer l'équilibre, et, lorsqu'elle est portée à son plus haut niveau, le génie.

La fable du *scraper* et du puceron illustre à merveille cette double potentialité. Employé d'une entreprise de travaux publics, un homme monte sur son énorme engin de chantier et déboise en quelques heures l'emprise d'une autoroute. Il suit exactement le tracé qui lui a été indiqué, combinant l'agressivité évidente qu'exige ce type de travail à la rigueur avec laquelle doit être menée l'opération pour se conformer aux plans et relevés que les bureaux d'études ont préalablement établis. Il soumet en quelque sorte l'agressivité nécessaire au succès de l'entreprise à une rationalité qui lui est non moins nécessaire. Les noyaux limbiques de l'agressivité travaillent donc ici de pair avec le cerveau gauche afin que la nature durement dominée paie ainsi son habituel tribut à la mise en œuvre de « grands travaux » et de « grands chantiers ».

Sa journée de travail terminée, notre homme rentre chez lui, arpente son jardin. Quelle n'est pas alors sa désolation à voir un de ses rosiers attaqué par des pucerons ! Plein de sollicitude pour le pauvre arbuste ainsi menacé, le voici désemparé. C'est cette fois au cerveau droit de s'exprimer, celui par lequel se manifestent la solidarité, l'intégration à la nature, la contemplation de ses beautés.

Actif et contemplatif, notre homme dans ces deux séquences d'activité successives illustre deux potentialités fondamentales de notre cerveau. Car, comme le disait déjà saint Paul, il y a bel et bien deux hommes – si ce n'est davantage – en chacun de nous !

À travers toute la chronique de l'humanité et toute l'histoire de la pensée, on retrouve l'expression de ces deux hémisphères travaillant en étroite symbiose. Mais, fort de son aptitude spécifique à la maîtrise du langage, le cerveau gauche a d'abord été considéré comme le cerveau dominant (c'est d'ailleurs ainsi qu'on l'avait nommé). La société occidentale a été tantôt plus tributaire de la tendance droite, notamment durant tout le haut Moyen Âge, tantôt – sans doute est-ce actuellement le cas – plus nettement représentative de la tendance gauche. Chacune et les deux en même temps ont apporté leur contribution à notre vision du monde.

Deux sensibilités, une double polarité, un double chemin nécessaire à une appréhension complète du réel : en somme, les deux voies de la connaissance.

Si notre modèle de civilisation et d'éducation privilégie outrageusement les capacités particulières de l'hémisphère gauche – science réductionniste, technologie triomphante, volonté de domination, exaspération du moi conscient –, un certain renversement de tendance paraît commencer à se dessiner alors qu'une nouvelle étape de l'histoire de l'humanité se profile à l'horizon. Mais, avant de scruter l'avenir, remontons le temps afin de redécouvrir quelques personnages qui ont illustré, chacun à sa façon, les infinies potentialités du cerveau humain.

CHAPITRE III

François et Thomas : la mystique et la raison

François aimait la France et parlait notre langue. Son père, Bernardone, riche marchand drapier d'Assise, en étroite relation avec des fournisseurs de Provence, lui avait donné à son baptême le nom de notre pays. Aussi la France tint-elle dans la vie et le cœur de François une place privilégiée. Tous les François, les Francis et les Franck lui doivent leur prénom.

Il naquit à Assise en 1181. Après une jeunesse bourgeoise, joyeuse et agitée, il tomba malade et garda la chambre durant plusieurs mois, prostré et dépressif. De subtiles alchimies se développèrent alors dans sa tête et dans son cœur, qui l'amenèrent à transformer radicalement sa vie. Il prit au pied de la lettre le célèbre précepte de l'Évangile : « Veux-tu être parfait ? Eh bien, va, vends tes biens, donne-les aux plus démunis, et tu auras un trésor dans les cieux ! Puis viens, et suis-moi[1] ! » C'est ce qu'il fit, sautant dans l'inconnu, prenant tous les risques. Il

1. Mt, vi, 19-21.

devint donc le Pauvre d'Assise, quittant père et mère, mendiant et prêchant sur les places publiques, solidaire de tous les exclus, lépreux et estropiés de son temps, bientôt escorté d'une cohorte de compagnons avec lesquels il fonda en 1209 l'ordre des Frères mineurs, autrement dit l'ordre des humbles, des petits. Privilégiant l'humilité, ceux-ci prônaient également l'égalité entre les hommes, s'élevant contre toutes les formes d'oppression, aussi nombreuses à l'époque qu'aujourd'hui.

Le rayonnement de François fut tel que dix ans plus tard, l'ordre comptait déjà plus de cinq mille frères répartis dans l'Europe entière. Personnalité exceptionnelle, héroïque autant que pacifique, il porta et pratiqua les vertus chrétiennes jusqu'à l'extrême des possibilités humaines. Pour lui, il était aisé de déceler, dans les circonstances et les aléas de l'existence, l'appel ou la volonté de Dieu : il suffisait pour cela de toujours choisir la voie la plus étroite, le chemin le plus ardu, ce qu'il fit toute sa vie. Il ne fallut d'ailleurs pas plus de deux ans après sa mort, en 1226, pour que l'Église, dans une hâte rarissime en la matière, le proclame saint et le porte sur ses autels.

Âme incandescente, François a pratiqué comme nul autre sans doute ne le fit jamais – du moins est-ce le souvenir qu'il a laissé à ses contemporains – les vertus d'altruisme, de générosité, de miséricorde, de compassion et d'amour ; à l'inverse, il s'abstint dans les mêmes proportions de toute agressivité, préférant convaincre par la persuasion que punir ou admonester. Il aimait mieux, disait-il, « atteindre un but au moyen du bien plutôt qu'au moyen du mal », s'abstenant de toute mesure répressive ou violente dans la conduite de l'ordre et se refusant à sévir et à commander « comme les pouvoirs du monde »... Peut-être était-ce là une faiblesse chez un homme de son envergure, mais il était fondamentalement un non-violent, ce qui lui valut d'ailleurs de renoncer à diriger son ordre sous la pression de fortes personnalités qui ne partageaient pas ses vues sur l'exercice du pouvoir...

Désireux de participer lui aussi aux Croisades, comme tous les hommes de son temps, il entendait bien s'y rendre les pieds nus, sans autre arme que les Évangiles. Son ambition secrète était de diffuser chez les Sarrazins cette parole de Jésus à laquelle il avait consacré sa vie. En 1219, lors de la Cinquième Croisade, il parvint à s'infiltrer dans le camp adverse et finit, à force d'insistance, par obtenir d'être conduit devant le sultan. Celui-ci, dit-on, écouta avec intérêt sa prédication, mais se refusa néanmoins à reconnaître la supériorité de la foi chrétienne. François ne périt point dans cette audacieuse manifestation de non-violence, mais revint désolé de n'avoir pu mieux faire valoir son argumentation. Le sultan se montra en revanche étonnamment bienveillant à son égard : à la suite de ce haut fait pour le moins singulier dans l'esprit du temps, il l'autorisa à rentrer chez lui sans subir ni vexations ni préjudices.

Dans les règles qu'il édicte pour son ordre, François place toujours la barre au plus haut. Il tient à ce que les frères mineurs vivent dans une absolue pauvreté, et exclusivement d'aumônes ; il insiste sur la nécessité de ne rien emporter pour la route : ni bâton, ni sac, ni pain, ni argent. Rien à voir avec les bénédictins de son temps dont les riches monastères sécurisaient si bien ceux qui s'y réfugiaient. Malheureusement, de son vivant, ces recommandations furent retirées de la règle et cette omission lui causa, aux dires de ses biographes, une profonde souffrance morale. Il eut le douloureux sentiment que tout ce pour quoi il avait vécu était désormais ruiné par ses proches. Son fidèle ami frère Léon précise qu'« il n'a plus été ensuite qu'un homme malade, blessé à mort... ». Aucune chronique, aucune hagiographie ne dira jamais les affres endurées par cet être dont la sensibilité n'avait d'égale que son exigence dans le respect des commandements et préceptes des Évangiles. Plus rigoureux pour lui-même que pour ses frères, au demeurant, il était devenu une sorte de modèle vivant du chrétien parfait. Il fallut attendre le XVIIIe siècle pour trouver une critique réellement malveillante à son égard. Elle émana de Voltaire, lequel fut, selon Ingres, le prototype de l'homme de talent séduisant son époque, mais le contretype du génie incompris de son temps. Hermétique à toute élévation spirituelle, il traita François de « fanatique en démence », opinion que ne partagea point un Renan, qui le considérait au contraire comme « le seul parfait chrétien depuis la mort du Christ ».

La vie de François est une perpétuelle ivresse d'amour divin. Deux ans avant sa mort, en extase sur le mont Alverne, il reçoit les stigmates du Crucifié.

Aux antipodes de la sensibilité de son époque, son amour ne sépare pas le Créateur de ses créatures. Sa légende s'est développée à propos de son comportement à l'égard des animaux. Parlant de la sainte obéissance et renversant quasiment l'ordre de la nature, il dit qu'« elle rend l'homme soumis, dans ce monde, non seulement à tous les autres hommes, mais encore à toutes les bêtes sauvages et apprivoisées, afin que celles-ci puissent le traiter suivant que pouvoir leur en est donné par le Seigneur ». Des propos que ne démentiraient pas aujourd'hui les adeptes de la *deep ecology*[1]. Il renonce à toute idée de domination sur la nature ; il renoue avec les créatures les relations qu'entretenaient avec elles, au jardin d'Éden, Adam et Ève avant la chute. On le voit prêcher aux oiseaux qui se rassemblent docilement autour de lui ; il sut même mettre un terme au caquetage des hirondelles invitées elles aussi à entendre la parole de Dieu. Dans les *Fioretti*[2], il apprivoise le célèbre loup de Gubbio. On le rencontre ensuite, suivi d'un faisan, puis d'un agneau qu'il a sauvé de l'abattoir et adopté. Il a grand soin de ramasser les vers qui traversent le chemin pour les replacer sur le bas côté afin qu'ils ne soient point écrasés. Il ne manque jamais non plus une occasion de porter du miel dans les ruches

1. La *deep ecology* ou « écologie profonde » correspond à un courant fondamentaliste de la pensée écologique, surtout représenté dans les pays anglo-saxons.
2. Saint François d'Assise, *Fioretti*, Seuil, 1962.

des abeilles, mais reste plus circonspect envers les fourmis, trop pressées de s'enrichir, ou avec les mouches dont il ne voit pas très bien à quoi elles peuvent servir. Dans ses moments de méditation ou d'extase, seul en montagne ou en forêt, il n'est pas rare que quelque bête sauvage lui tienne compagnie. De cette amitié avec les animaux lui vient en 1223 l'idée de fabriquer une crèche pour Noël : ce fut la première à être confectionnée en terre chrétienne, et le bœuf et l'âne y figuraient naturellement.

Cette tendre et chaleureuse ouverture à tout ce qui a souffle de vie, comme dirait la Bible, mais aussi aux plantes, aux pierres, a valu à François d'être proclamé « patron des écologistes ». C'est à Assise que l'une des plus puissantes institutions écologistes du monde, le W.W.F.[1], rassembla en 1986 chrétiens, juifs, musulmans, bouddhistes dans le cadre d'une vaste manifestation œcuménique et pacifiste qui connut un très large retentissement. Seul son corps, qu'il appelait « mon bourricot », était – au nom d'une ascèse intransigeante, en conformité avec l'esprit de son temps – privé de la sollicitude qu'il accordait si volontiers à ses frères du règne animal. Aussi le « bourricot » s'usa-t-il prématurément et François devint-il aveugle peu avant de quitter ce monde, nu comme un ver, sur la terre mouillée de la Portioncule, son petit couvent près d'Assise, ville qu'il avait tant aimée. C'était le 4 octobre 1226, il n'avait que quarante-six ans.

1. Wild Life World Found : Fonds mondial pour la vie sauvage.

Si François fut « consolé » de son vivant par de multiples extases, lévitations et autres phénomènes supranaturels que l'on voit jalonner souvent la vie des grands mystiques, il nourrit en revanche, sa vie durant, une forte suspicion envers savants et théologiens de son époque. Aussi dut-il affronter une forte opposition de leur part. L'hostilité à François prit racine à Bologne, prestigieuse ville universitaire – la plus renommée d'Italie – où les dominicains venaient d'ouvrir en 1219 une école de théologie. Pierre de Stacia, un frère mineur, y créa à son tour une maison d'études pour les franciscains, sans en avoir référé, semble-t-il, au fondateur de l'ordre. La nouvelle de cette inauguration indigna François. Il avait tenu à rester, comme il aimait à le dire, un « *idiota* » : un homme simple et illettré. Aussi se méfiait-il des esprits savants de son temps, les théologiens, et estimait-il que les études devaient toujours viser un objet pratique : servir à la proclamation de la parole de Dieu – à défaut, elles égaraient l'homme dans le dédale des spéculations gratuites. Aux livres, il préférait la prière et la méditation du cœur. S'il lisait volontiers les Saintes Écritures, l'impression lui vint assez vite, au gré de sa progression spirituelle, qu'il en savait assez long sur la parole de Dieu et que sa vie entière ne suffirait pas, en revanche, pour méditer et mettre en pratique ces saints enseignements. À ses yeux, l'exemple personnel était la meilleure des prédications. Il mettait en garde ses frères contre ceux qui cherchaient à briller par leur science au lieu de s'efforcer à la perfection : « Il y a beaucoup de gens qui veulent gagner gloire et louanges auprès des hommes en racontant simplement ce que les héros d'antan ont fait et souffert » ; pareillement, « il y en a beaucoup parmi nous qui veulent se gagner renommée et considération simplement en racontant et prêchant les magnifiques actions qu'ont accomplies les saints... »

Cette méfiance envers la « science » et les théologiens s'exprimait à contre-courant, en ce début du XIIIe siècle où l'aspiration au savoir était particulièrement vive. N'avait-on pas vu naître en Europe, pendant la première moitié de ce siècle, dix-sept universités nouvelles, dont huit en Italie ? Quant aux écoles de fondation plus ancienne – les universités de Paris, de Bologne, d'Oxford... –, elles connaissaient alors un développement extraordinaire. De toutes parts se dessinait le puissant essor scientifique qui allait caractériser l'ultime période du Moyen Âge, et l'on sait quelle part importante y prirent les dominicains. En vérité, François eût souhaité tenir les siens à l'écart de cet emballement. Plus soucieux de haute spiritualité que de vain savoir, il adopta vis-à-vis de ce mouvement une attitude d'opposition résolue afin de tenir les frères de son ordre éloignés de la scholastique et de la rhétorique dont on faisait alors grand cas. À vrai dire, seule l'intéressait la parfaite pureté de l'âme, consumée dans l'union mystique à Dieu et l'amour du prochain.

Son attitude fut fortement contrée par Pierre de Stacia, et l'on raconte que François, pourtant toujours d'une infinie douceur, en vint à maudire son détracteur et ne voulut pas même revenir sur cette malédiction sur son lit de mort. (À la différence de Jésus, il n'était donc pas parfaitement parfait !) Il est vrai que Pierre de Stacia n'avait pas seulement, à ses yeux, péché contre la simplicité évangélique, mais aussi contre la sainte pauvreté : comment un frère mineur pouvait-il en venir à acheter ces gros grimoires coûteux, résider dans de grandes et commodes demeures et s'y livrer à l'étude ?

À vrai dire, ce qui choquait François au plus profond, c'était l'orgueil de l'intelligence, cet égocentrisme qui recourt à la science comme moyen de satisfaire la vanité du « moi ». François ne désirait point que ses frères fussent avides d'être vus et appréciés des hommes ; mieux valait, à ses yeux, se tenir à genoux et prier Dieu pour son prochain, dans la solitude ignorée d'une grotte ou d'une cellule d'ermite, là-haut dans les montagnes, plutôt que se pavaner en chaire dans la nef d'une cathédrale, l'âme congestionnée à l'idée de jouer son personnage. Seul le très fameux saint Antoine de Padoue fit exception : François lui confia le soin de dispenser des leçons de théologie à ses frères, à la seule condition que cette étude ne leur fît point négliger la prière et n'éteignît pas en eux l'esprit de recueillement.

Indulgent pour les grands pécheurs, il imposait aux braves gens de dures épreuves. Ainsi, les incitait-il au complet dépouillement, soumettait-il ses frères les plus proches à de sévères pénitences, consistant par exemple à se rendre nus de la Portioncule jusqu'à la ville, et de prêcher ainsi dans la cathédrale.

Tous s'accordent à lui reconnaître une sorte de magnétisme pénétrant qui forçait la conviction. Les prêches du saint n'avaient aucune prétention théologique, n'étaient pas même des prédications : plutôt de simples allocutions portant sur des sujets pratiques, notamment la conduite de la vie et la réforme des mœurs. Sa parole était pleine d'un tel feu que d'aucuns la comparèrent à un glaive.

Pourtant, le mouvement intellectuel contre lequel François avait tenté de résister poursuivait inexorablement son cours. Les frères mineurs avaient désormais leurs étudiants et leurs savants, comme l'ordre des dominicains créé par l'Espagnol Dominique Guzman. Ils ouvrirent même un grand couvent à Saint-Germain-des-Prés, y installèrent une université accueillant deux cent quatorze étudiants. D'où les soupirs de frère Égide, très proche du fondateur, qui s'exclamait : « Paris, Paris, tu es en train de ruiner l'ordre de saint François ! », tandis qu'un autre gémissait : « Maudit Paris qui nous a détruit Assise ! » En fait, l'évolution de l'ordre avait déjà largement échappé à celui qui lui avait donné le jour. François se retira comme ermite dans la montagne de l'Alverne, souffrant cruellement des ambitions et des querelles suscitées tout naturellement par l'institutionnalisation de sa fondation dont la règle se voyait dépouillée de ce à quoi il tenait le plus : les frères mineurs s'adaptaient à leur temps et aux nécessités de la vie, oubliant les exigences de pureté angélique et évangélique auxquelles il n'avait cessé de les exhorter. Vieille histoire, en vérité, qu'ont vécue tous les fondateurs, Jésus le premier : lui aussi ne s'étonnait-il pas de ce que ses compagnons eussent tant de mal à comprendre son message ?

S'il y eut nombre de saints sages, François fut plutôt un saint fou, un « fol en Christ », comme aiment à dire les orthodoxes. C'était un mystique, sans doute l'un des plus grands de tous les temps. Mais non dénué de réalisme, comme le sera, trois siècles après lui, cette autre fondatrice d'ordre : sainte Thérèse d'Avila. Si les biographes de saint François insistent tous sur la profondeur de ses extases et la joie ineffable qui rayonnait de sa personne, nul ne dira jamais au prix de quelle ascèse cette élévation de l'âme fut acquise ; ce point restera à jamais le secret de Dieu. Son corps, en tout cas, en pâtit sérieusement et c'est très affaibli, quasi aveugle, qu'il dédia, au cours de l'été 1225, un an avant sa mort, au soleil qui brûlait ses yeux éteints, le merveilleux *Cantique des créatures*[1], le plus beau texte qui nous reste de lui :

... Loué sois-Tu, Seigneur, avec toutes Tes créatures,
Et tout particulièrement notre frère le Soleil,
Qui nous donne le jour et par qui Tu nous éclaires ;
Et qui est beau et rayonnant, et qui, avec sa grande splendeur,
Nous porte signification de Toi, Très-Haut !
Et loué sois-Tu, Seigneur, pour nos sœurs la lune et les étoiles,

1. *Saint François d'Assise, Sa vie et son œuvre,* par Johannes Joergensen, Librairie Académique Perrin, Paris, 1922.

Que Tu as créées au ciel, claires et précieuses et belles !
Et loué sois-Tu, Seigneur, pour notre frère le vent,
Et pour l'air et les nuages, et pour le serein et pour tous les temps,
Au moyen desquels Tu donnes soutien à tes créatures !
Et loué sois-Tu, mon Seigneur, pour notre sœur l'eau,
Qui est très utile, et humble et chaste !
Et loué sois-Tu, mon Seigneur, pour notre frère le feu
Au moyen duquel Tu éclaires la nuit,
Et qui est beau et joyeux, et robuste et fort !
Et loué sois-Tu, mon Seigneur, pour notre sœur, la mère Terre,
Qui nous entretient et nous supporte,
Et produit les divers fruits, et les fleurs colorées, et les arbres !
Louez et bénissez le Seigneur, et rendez-lui grâce,
Et servez-le avec grande humilité !

Il y ajouta, quelques jours avant sa mort, cette ultime strophe :

Loué sois-Tu, mon Seigneur, pour notre sœur la mort corporelle,
À qui nul homme vivant ne peut échapper !
Malheureux seulement ceux qui meurent en péché mortel ;
Mais bienheureux ceux qui ont accompli Tes très saintes volontés ;
Car la seconde mort ne pourra leur faire aucun mal !

Cet hymne célèbre de louanges à la Création fut composé par François alors qu'il gisait sur un pitoyable grabat, visité par des mulots particulièrement arrogants. Ce très beau texte fait pendant à celui que chantèrent les trois jeunes Hébreux entravés au milieu des flammes dans la fournaise où les avait précipités la fureur du tyran de Babylone : autre chant des créatures à leur Créateur, figurant dans le Livre de Daniel[1] et que François à maintes fois répété dans sa prière quotidienne du Bréviaire.

À l'heure où les Églises chrétiennes reviennent au premier article du *Credo* et rendent grâces au Père « créateur du ciel et de la terre », François fait figure de précurseur et de prophète. On a tort de ne voir parfois en lui que le tendre et le naïf qu'il a peut-être aussi été. Sans une très forte personnalité, comment aurait-il pu attirer autour de lui, en l'espace de quelques années, des milliers et des milliers de frères ? Personnalité ne signifie nullement agressivité et, de ce point de vue, François nous livre le témoignage exemplaire d'un homme qui réussit à transmuter, par l'alchimie d'une spiritualité exceptionnellement élevée et d'une fidélité réitérée à sa vocation, les aspérités et les vanités du moi. Il s'unissait à Dieu comme le Christ à son Père, et ne voyait dans la nature que « des frères et des sœurs », souligne encore Renan ; pour lui, tout avait « un sens et une beauté ».

Une agressivité maîtrisée et dépassée, un moi déjà absorbé par le nous trinitaire, une âme de poète et de mystique en contact direct et permanent avec Dieu, un homme réconcilié avec la nature et ses frères, se gardant de tous jugements

1. Dan., III, 52-90.

autres que ceux qu'inspirent la miséricorde : François campe dans notre histoire le portrait d'un personnage hors pair, chez qui la prééminence de ce que nous appelons (biologiquement et/ou métaphoriquement) le « cerveau droit » est évidente. D'autant que, pour parachever le portrait de tout bon « droitier », François aimait la musique et mourut en fredonnant le psaume CXLII de la Bible.

Personnage par ailleurs typiquement médiéval, il fit rudement payer à son corps le prix de ses ascèses, ce dont il se repentit un jour en ces termes : « Réjouis-toi, mon frère le corps, et pardonne-moi, voici que je suis prêt maintenant à céder à tes désirs... » Mais, de même que la plupart des repentirs, celui-ci arrivait trop tard : François mourut jeune, redoutant seulement que quelque péché mortel pût le priver de la béatitude éternelle que Dieu réserve à ses élus.

Immergé dans la culture de son temps, il est aussi, par sa stature, un homme appartenant à la culture universelle et à l'histoire de tous les temps. Toute sa personnalité, la constance de ses comportements révèlent une maîtrise patiemment et laborieusement acquise. Faible, refoulée ou contenue, chez lui, l'agressivité est en tout cas réinvestie, réabsorbée, résorbée dans un amour intense de Dieu et de ses frères. Il réussit plus que tout autre cette mutation par laquelle la colère se dissout dans le pardon, le pardon dans la miséricorde, la miséricorde dans l'amour. Il ne cherche jamais à conceptualiser, à thématiser ; chez lui, la raison raisonnante – attribut traditionnel de l'hémisphère gauche du cerveau – est littéralement « coiffée » par les trois grandes vertus de foi, d'espérance et de charité. Ces vertus, François les pousse jusqu'à l'héroïsme, jusqu'aux plus hautes expériences mystiques, jusqu'à une communion intuitive directe avec le divin. De la science, fille de la raison, il n'a cure, car elle est froide dans ses raisonnements et trop ambitieuse dans ses desseins ; il préfère se nourrir des chauds embrasements de l'amour.

Un an avant la mort de François, en 1225, naissait près de la petite ville d'Aquino, dans le royaume de Naples, le non moins célèbre Thomas d'Aquin. Bien des traits distinguent ces deux personnalités : François est originaire d'une famille bourgeoise, tandis que Thomas est de noble extraction. Obèse, au point que l'on dut excaver la table du réfectoire de son couvent pour qu'il pût y trouver ses aises, Thomas a la réputation d'un bon vivant ; François, au contraire, recru par les ascèses auxquelles il soumet son « bourricot » de corps, est cachectique et filiforme. François enfin se veut un *idiota* ; Thomas, nourri par de solides études au Mont-Cassin et à l'Université de Naples, se manifeste très tôt, aux yeux de ses confrères dominicains, comme l'une des plus puissantes « superforteresses pensantes » de tous les temps.

La vocation de Thomas fut entravée par quelques aléas : ses frères, voulant l'éloigner à tout prix de la carrière religieuse, l'enlevèrent sur la route de Naples à Paris et le séquestrèrent durant deux ans ; ils le soumirent à toutes les tentations, y compris en le jetant dans les bras d'une prostituée – en pure perte. Thomas sortit vainqueur de ces épreuves de style médiéval, ce qui lui valut le surnom de Docteur Angélique. À Paris et à Cologne, il eut pour maître Albert le Grand, l'éminent alchimiste qui devait laisser son nom, dans la capitale, à la place Maubert (Maître Albert), et allait devenir le patron des pharmaciens, tout comme son élève Thomas deviendrait à son tour patron des universités. (Si j'ajoute à ce tandem le troisième larron que j'ai d'abord évoqué, François, patron des écologistes, j'aurai reconstitué le trio qui m'a accueilli avec bienveillance dans chacune de mes trois professions : le pharmacien avec Albert, l'universitaire avec Thomas, l'écologiste avec François. À ce trio médiéval, je crois devoir beaucoup !)

Tandis que François fonde l'ordre des Frères mineurs dont il porte l'habit, Thomas entre dans celui fondé quelques années plus tôt par Dominique Guzman. Les dominicains mettent l'accent sur l'étude et la prédication là où les franciscains prônent l'aumône et le travail manuel. L'éclosion de ces deux ordres à l'aube du XIIIe siècle s'inscrit dans les mutations profondes qui commencent à secouer le vieux monde féodal : le monachisme bénédictin traditionnel se trouve désormais confronté à de jeunes institutions ecclésiastiques, fortes et dynamiques, tandis que l'émergence de nouvelles classes moyennes remet en cause les hiérarchies sociales. À une époque où les villes prospèrent, où les universités prolifèrent, où des royaumes centralisés d'un type nouveau, avec leurs exigences de souveraineté, s'organisent à côté du Saint-Empire et tiennent tête au pouvoir féodal, il s'agit, pour Thomas, d'élaborer de nouvelles synthèses entre le contenu immuable de la révélation chrétienne et le nouveau monde en gestation : une sorte d'*aggiornamento* avant la lettre, en quelque sorte.

Tandis que s'élèvent les premières cathédrales gothiques, les œuvres d'un érudit musulman de Cordoue, Averroès, introduisent en Occident les principes de la philosophie d'Aristote, qui, jusque-là, durant près d'un millénaire et demi, étaient demeurés sans influence sur la pensée occidentale. Dès son origine, la foi chrétienne s'était en effet moulée dans les cadres platoniciens, grâce en particulier à l'œuvre de saint Augustin. Pour ce dernier, l'esprit se devait de mettre au pas un corps misérable, source de toutes les faiblesses, de toutes les tentations, de tous les péchés. Seule la majestueuse toute-puissance des idées divines était en mesure de « repêcher » l'homme de sa misérable condition, et, *in fine,* de le sauver. Telle était la croyance commune au Moyen Âge.

Par ses enseignements dispensés dans le cadre des universités de Cologne, de Paris (où il enseigne rue Saint-Jacques), de Rome, de Bologne et, pour finir, de Naples, conformément au principe d'itinérance des professeurs médiévaux, et par ses ouvrages qui occupent plus de trente volumes, Thomas s'imposa en édifiant un monument philosophique et théologique inébranlable qui, datant du XIIIe siècle, n'en reste pas moins étudié encore dans les séminaires et universités de cette fin de millénaire. Les « sommes » de saint Thomas, aujourd'hui presque illisibles – assommantes, disent leurs détracteurs – ont façonné au fil des siècles le mode de pensée de générations et de générations de prêtres et de théologiens.

Alors qu'Averroès tendait à opposer la foi et la raison comme sources de deux vérités difficilement conciliables, n'ayant ni méthodes ni objet communs – à ses yeux, l'autonomie de la raison ne s'accorde pas avec l'obéissance par la foi, et pas davantage avec la subjectivité de l'amour –, Thomas transcende cette opposition apparemment radicale entre les deux savoirs et dépasse ce dualisme irrecevable pour un croyant dès lors que ce dernier attribue au même Dieu créateur les lumières de la raison et les révélations du mystère. Il reconnaît néanmoins la spécificité des deux domaines : l'objectivité du savoir scientifique et la subjectivité de la croyance, l'universalisme de la science et l'incommunicable intériorité de la foi, la première se fondant sur une certitude acquise par des expériences répétées et reproductibles, la seconde étant adhésion à un témoignage révélé. Un tel enseignement, tout en accordant priorité à la foi, ne pouvait que s'harmoniser à un monde où le progrès technique faisait passer l'homme d'une économie agraire à la civilisation urbaine, avec l'introduction organisée des corps de métiers, le développement de l'économie de marché, la naissance de nouvelles sensibilités communautaires. Dans le monde et parmi les clercs, les jeunes générations réagissaient désormais contre la mystique du mépris des réalités terrestres prônée par le haut Moyen Âge, et tendaient à lui préférer une maîtrise rationnelle du monde par le déploiement des vertus humaines d'intelligence et de rationalité. De même, invoquant le non-antagonisme entre foi et raison, Thomas affirme que cette dernière a le droit de s'exprimer, dans la foi, selon ses propres lois, ses propres registres, ses propres techniques. La foi s'élabore, se construit ; elle ne contredit point la raison, mais lui ouvre le champ, nouveau pour l'époque, d'un discours rationnel sur Dieu : une théo-logie. Pour Thomas, la théologie est l'intelligence de la foi. Son contemporain saint Bonaventure, disciple et successeur de François à la tête de l'ordre des Frères mineurs, ne manquera pas de lui reprocher de « verser l'eau de la raison dans le vin pur de la sagesse divine ». Ce à quoi Thomas répondit non sans humour que, « comme à Cana, l'eau ne manquera pas de se changer en vin... ».

Ainsi la raison, les sciences profanes, encore suspectées il y a peu par un François d'Assise ou un Bernard de Clairvaux, trouvent-elles, au cœur du XIIIe siècle, un nouvel essor dont bénéficient le mouvement des idées, des lettres, des arts, et le puissant élan des cathédrales. Alors que Bernard de Clairvaux, qui domina le XIIe siècle, disait en apprendre davantage sur Dieu dans les arbres que dans les livres, voici que s'épanouit la culture de l'écrit et de la raison.

Et la nature ? Thomas reconnaît son ordre, son autonomie, ses lois qu'il rattache d'emblée à la toute-puissance du Père créateur : « soustraire quelque chose à la perfection de la Créature, dit-il, c'est soustraire à la perfection même de la puissance du Créateur ». Quant à l'homme, il est situé comme à « l'horizon du corporel et du spirituel » ; en lui se réalise une homogénéité intrinsèque de l'esprit et de la matière. Bref, avec Thomas, la nature, l'homme, la science, la connaissance sont uniment matières et moyens à discourir sur Dieu, à « théologiser », et, pour ce faire, le cerveau gauche s'activera en multiples syllogismes, raisonnements dialectiques, « disputes » universitaires mettant en jeu la logique de la pensée et la rigueur du raisonnement.

Lire Thomas d'Aquin est aujourd'hui un exercice particulièrement ardu ; décrypter ses cinq preuves de l'existence de Dieu est une tâche réservée aux seuls philosophes avertis. Pourtant, curieusement, une de ses idées vient de réémerger dans la modernité : il s'agit du « principe de subsidiarité » selon lequel le « pouvoir » doit être le plus proche possible des gens, ou, plus exactement, les gens doivent être les premiers à décider de ce qui les concerne directement dans leur vie quotidienne. Ce principe, l'Europe de Bruxelles l'a repris à son compte, tout en ayant bien du mal à le mettre en pratique !

Dans son effort de rationalisation et de synthèse, tout au long de son œuvre rigoureuse et savante, Thomas use de tous les attributs, voire de tous les artifices du cerveau gauche, celui des sciences, de la physique, de la métaphysique et de la théologie. Il nous a laissé une *Somme contre les gentils* et la fameuse *Somme théologique* dans laquelle il développe l'essentiel de sa pensée. Notons toutefois que cette « somme » resta inachevée ; comme son secrétaire, frère Réginald, au soir de sa vie, le pressait à Naples d'en terminer la rédaction, il s'entendit répondre : « Je n'en ferai rien, car tout ce que j'ai écrit me semble à présent de la paille et du foin... » On ne manqua point d'interpréter cet « à présent » comme une allusion aux extases dont il était fréquemment l'objet, au cours desquelles les lumières divines atteignaient l'homme bien au-delà de ce que pouvait exprimer son discours. Théologien rationnel, philosophe rigoureux, certes, mais aussi théologien mystique : une fois encore, le cerveau droit eut donc, semble-t-il, le dernier mot.

François et Thomas illustrent deux approches différentes du mystère divin : la première de sensibilité et de coloration « droites », la seconde de sensibilité et de coloration « gauches ». L'un choisit d'emblée les voies de la mystique, l'autre celles de la raison. Mais, chez Thomas, la mystique n'est pas absente, et il n'est pas loin de penser comme le font aujourd'hui les théologiens des Églises orientales : pour eux, on ne saurait imaginer ni une théologie ni un théologien sans mystique. Confronté au seul langage humain, aux seuls arguments du raisonnement, aux seuls recours de la dialectique, un théologien dénué des lumières de la mystique ne serait somme toute qu'un philosophe dévoyé ou un simple répétiteur. Ne serait-ce pas à ceux-ci qu'Érasme réserve dans son *Éloge de la folie* sa célèbre diatribe : « Environnés d'un bataillon de définitions magistrales, de conclusions, de corollaires, de propositions implicites et explicites, les théologiens savent se ménager un si grand nombre d'échappatoires qu'ils se débarrasseraient même des filets dans lesquels Vulcain savait tenir son infidèle épouse… »

Que la répartition des zones fonctionnelles du cerveau humain s'effectue selon la ligne de partage que nous avons tracée entre les deux hémisphères, ce qui semble aujourd'hui communément admis par une majorité de scientifiques, ou que cette ligne doive un jour être remise en cause – car la science d'aujourd'hui n'est pas détentrice de vérités éternelles ! –, peu importe ; sa valeur métaphorique s'imposerait de toute façon, car il est solidement acquis, désormais, qu'il existe bien deux voies de la connaissance : celles que François et Thomas ont explorées tour à tour, et dont le mariage, lorsqu'il est heureux – ce fut le cas chez quelqu'un comme Einstein –, est indispensable au plein épanouissement de l'être humain.

Enfin, si le cerveau gauche est bien, comme on l'a longtemps nommé, le cerveau « dominant », celui par lequel s'expriment la conscience claire du moi et sa volonté de s'affirmer dans et par le pouvoir, il est remarquable de constater que la tradition du monachisme, depuis les tout premiers siècles du christianisme, s'est appliquée à réduire ces tendances dominatrices par le moyen des trois vœux monastiques. Le vœu d'obéissance exhorte à l'esprit d'acceptation et d'abandon ; il s'oppose à la tentation de domination par le pouvoir. Le vœu de pauvreté s'oppose à la tentation de dominer par l'argent. Quant au vœu de chasteté, il contrecarre la tentation de dominer ou de se laisser dominer par le sexe. En freinant l'expression des noyaux limbiques de l'agressivité et celle des modules neuronaux néocorticaux du cerveau gauche, la mise en pratique de ces vœux contribuait à l'inverse à favoriser le déploiement des potentialités du cerveau droit, siège de la musique (le grégorien), de la créativité (l'art des cathédrales), de l'union mystique (aboutissement normal et sans doute jamais vraiment atteint d'une vocation monastique).

Le génie de François fut sans doute d'avoir ajouté à ces trois vœux le renoncement au pouvoir intellectuel, cette perpétuelle tentation des clercs, si aisément génératrice de pouvoir et de domination, dont découlèrent entre autres, en Occident, l'Inquisition et les guerres de religion. Inutile de rappeler combien, à travers toute l'Histoire, on a tué et on s'est entretué au nom du fameux et calamiteux « *Gott mit uns* » ! Ceux qui prétendaient avoir raison « au nom de Dieu » l'emportèrent alors le plus souvent sur ceux qui savaient « raison garder ». Chacun à sa manière, François et Thomas appartinrent à cette seconde catégorie. Jamais ils ne pratiquèrent l'anathème. L'un et l'autre incarnent deux grandes figures médiévales, différentes mais non concurrentes, complémentaires mais non opposées. Le premier, François, nous met en garde contre les dangers de la science quand elle se dévoie dans une rationalité étouffante, asséchant toute expression de la sensibilité et du cœur ; Thomas, lui, nous invite à esquisser, à chaque époque, mais uniquement pour cette époque – car l'avenir ne nous appartient en rien –, les nécessaires synthèses dont nous sommes si étonnamment privés en un siècle comme le nôtre, si riche en multiples spécialisations, en technologies hypersophistiquées, mais si pauvre en visions globales, en synthèses satisfaisantes et cohérentes. Deux orientations dont il importe, aujourd'hui plus que jamais, que nous entendions la leçon si nous ne voulons pas périr étouffés par les slogans, les modes médiatiques, les pseudo-mots d'ordre de la « modernité ». Car il faut garder en permanence à l'esprit cette célèbre parole d'un Père de l'Église : « La vérité reste la vérité, même si tout le monde patauge dans l'ignorance ou le mensonge. » Et, plus loin : « Le bien est le bien, même quand tout le monde dit que c'est le mal ! »

CHAPITRE IV

Descartes et Pascal : l'analyse et la synthèse

Il n'est de cours de philosophie qui n'ait laissé à chacun le souvenir des portraits et mérites comparés de René Descartes et de Blaise Pascal. Ces deux auteurs, contemporains dans la première moitié du XVIIe siècle, ont marqué, chacun à sa manière, l'évolution de la pensée et l'imaginaire des temps modernes. S'il fallait, par pur exercice, raccorder l'un et l'autre aux deux types de personnalités précédemment esquissées, l'on pourrait rapprocher, au risque d'une grossière simplification, Blaise de François et René de Thomas.

De santé toujours fragile, Pascal n'a pas, comme les jeunes élites de son temps, fréquenté les collèges. Ce surdoué, comme on dirait aujourd'hui, s'initie seul, à douze ans, à la géométrie, cette mathématique des formes, des surfaces et des volumes dont les neurobiologistes s'accordent aujourd'hui à penser qu'elle est l'apanage du cerveau droit. Il excelle toutefois aussi en arithmétique, et sa principale contribution à la technologie restera sans doute sa fameuse machine à compter, ancêtre de nos modernes calculatrices. Brillant scientifique aux intuitions parfois géniales, il sut, mieux que ses contemporains, reconnaître les limites de la science ; il explique dans les *Pensées* : « Les hommes sont dans une impuissance naturelle de traiter quelque science dans un ordre absolument accompli. Nous brûlons du désir de trouver une assiette ferme et une dernière base pour y édifier une tour qui s'élève à l'infini ; mais tout notre fondement craque et la terre s'ouvre jusqu'aux abîmes. » Remarquable précurseur que cet homme qui entrevoyait déjà les « frontières de la science » !

Pascal installe donc ses certitudes dans un autre champ : celui de la foi, une foi fortement teintée de jansénisme, accordant davantage à la grâce divine qu'aux seuls efforts de la nature humaine. Entre les deux infinis – infiniment moins infinis à son époque qu'à la nôtre ! –, il ne voit que « des infinités de toutes parts qui m'enferment comme un atome et comme une ombre qui ne dure qu'un instant sans retour... Tout ce que je connais est que je dois bientôt mourir, mais ce que j'ignore le plus est cette mort même que je ne saurais éviter... Comme je ne sais d'où je viens, ainsi je ne sais non plus où je vais ; je sais seulement qu'en sortant de ce monde, je tombe pour jamais ou dans le néant, ou dans les mains d'un Dieu..., sans savoir à laquelle de ces deux conditions je dois être éternellement en partage. Voilà mon état, plein de misères, de faiblesses, d'obscurités... »

Et il poursuit en proposant son fameux pari : « Dieu est ou il n'est pas ! Mais de quel côté pencherons-nous ? La raison ne peut rien déterminer » ; « il faut parier : cela n'est pas volontaire. Vous êtes embarqué et ne point parier que Dieu est, c'est parier qu'il n'est pas ! Lequel [pari] prendrez-vous donc ?... Prenons le gain et la perte... que Dieu est. Estimons ces deux cas : si vous gagnez, vous gagnez tout ; si vous perdez, vous ne perdez rien. Gagez donc qu'il est sans hésiter..., car il y a ici une infinité de vies infiniment heureuses à gagner. »

Ce jeu à pile ou face (à croix ou pile, comme dit Pascal) reste le raisonnement implicite de bon nombre de nos contemporains : tous comptes faits, on prend moins de risques à croire qu'à ne pas croire. Aucune certitude, pourtant, ne départagera les parieurs en ce monde.

C'est ici que s'introduit un autre argument, moins connu celui-ci, relevé dans la biographie de Pascal. Né en 1623, il se convertit « une première fois » en 1646, lorsque son père, Étienne, après s'être démis une jambe, fut soigné par deux frères, eux-mêmes adeptes du christianisme de Port-Royal. C'est ce que les historiens appellent sa « première conversion ». Pourtant, aux dires de sa sœur et confidente, « il vit dans le monde avec un déplaisir croissant, car il expérimente l'absence de ce qui ne dépend pas de nous dans la conversion véritable : un mouvement de Dieu dans notre cœur ». Bref, si le monde ne l'attire plus, Dieu ne l'attire pas encore vraiment. C'est ce drame qui se dénouera durant la fameuse soirée du 23 novembre 1654, dont Pascal relate, dans *Le*

Mémorial, le souvenir : quelques lignes griffonnées de sa main sur un parchemin que l'on trouvera après sa mort dans la doublure de son pourpoint nous laissent entrevoir ce qui s'est passé ce soir-là. Pascal reçut alors la certitude qu'il n'était pas abandonné de Dieu : « Certitude, certitude, sentiment, joie, paix ! » À la suite de cette illumination, il s'engage « à l'oubli du monde et de tout hormis Dieu... ». Renonciation totale et douce. Pascal se nourrira de cet éblouissement jusqu'à sa mort, huit ans plus tard. De santé fragile, perpétuellement malade, il vit sa foi dans la solitude d'une chambre, « faisant du bon usage de la maladie » l'itinéraire de son pèlerinage terrestre. S'inscrivant en faux contre les modernes apôtres de la mobilité, de l'agitation et de la fébrilité, il écrit : « Tout le malheur de l'homme vient de ne pouvoir rester seul dans sa chambre, là où est sa place. »

Désormais, il s'intéresse non plus au Dieu des philosophes, mais à celui de Jésus-Christ. Sa « deuxième conversion » a fait tomber le masque que la vie en société et le goût du superficiel imposent à chacun. Il va dès lors pouvoir franchir la seconde étape, qui est la découverte d'un Dieu caché : un Dieu qui se cache dans la nature, dans l'écriture, dans l'Histoire et dans notre propre histoire. Une histoire qu'il convient de décoder, de décrypter, de déchiffrer : Pascal n'a-t-il pas fait à ce propos le parallèle avec le *chiffre* dont se servent les diplomates ? Dieu invisible à l'œil, et cependant parfaitement visible au détour d'événements dans lesquels sa lumière jaillit, forte et puissante, pour qui sait la recueillir dans la tranquillité de la foi. Se met alors en branle, au cœur de chacun, une laborieuse et prodigieuse fermentation, une métamorphose lente mais sûre de l'être tout entier donné à ce « Dieu caché » si différent du Dieu de l'islam, rayonnant comme un soleil au milieu du ciel et dont l'éblouissante lumière appelle tout naturellement la foi, la fidélité et la soumission des croyants.

Bref, pour Pascal, la raison n'est pas capable de démontrer que Dieu existe ; elle n'est pas davantage capable de démontrer qu'il n'existe pas : l'autocritique de la raison marque le commencement de la foi qui se déploiera ensuite sur l'autre chemin de la connaissance. D'où cette formule classique de Pascal attribuée à Dieu et dédiée à tous ceux qui le cherchent : « Tu ne me chercherais pas si tu ne m'avais déjà trouvé. »

Au soir de sa vie, gravement malade, Pascal se fait transporter chez sa sœur où il meurt le 19 août 1662, sans doute d'un cancer gastrique. On l'inhume dans la chapelle de la Vierge, en l'église Saint-Étienne-du-Mont.

Descartes présente quelques points communs avec Pascal : comme lui, il est de santé fragile – il reste longuement au lit, le matin, pour réfléchir ; comme lui, sa vie est faite d'une longue série d'épreuves et de traverses souvent communes aux hommes hors du commun. Ancien élève du collège de jésuites de La Flèche, il part de sa pensée propre – le fameux *cogito* : « Je pense donc je suis » – pour s'élever à l'idée d'un être parfait dont il conclut ontologiquement l'existence par l'idée de perfection. À la manière de Thomas, c'est une fantastique machine à penser. Dans son *Discours de la méthode*, il dissèque les voies et moyens, pour l'esprit, de se rendre maître et possesseur de la nature ; il rêve d'étendre la certitude mathématique à l'ensemble du savoir, de fonder en quelque sorte une mathématique universelle. Convaincu, comme les penseurs de son temps et ceux qui les précédèrent, de l'unité profonde de la nature, il n'en fait cependant pas une déesse-mère, mais un simple matériau sans force propre, sans consistance ontologique, taillable et corvéable à merci. Pour lui, l'animal n'est que machine, et l'homme, considéré pour son corps, n'est rien de plus, car il ne diffère de l'animal que par l'âme que Dieu y a jointe. Il décrit alors le corps comme une machine hydraulique parcourue de tuyaux dans lesquels s'effectue une constante circulation de fluides. Il va même jusqu'à habiter, en Hollande, le quartier des bouchers, pour pouvoir observer et disséquer les animaux morts : une analyse affinée de chacun des éléments du corps permettra de saisir le mode de fonctionnement de la machine... De ces images abondamment vulgarisées, objets d'une simplification bien trop hâtive, sont nés et se sont nourris les concepts de matérialisme, de mécanisme, de scientisme, de réductionnisme, et naturellement de cartésianisme, aujourd'hui synonyme de rationalisme étroit et à courte vue. C'est sans doute là faire injure à Descartes qui fut aussi – en cela, il est l'ancêtre et l'inspirateur de tous les modernes – un ardent défenseur de la valeur suprême de notre temps, la liberté, mais aussi du libre arbitre.

On ne pourra, en fait, que lui reprocher une curieuse insensibilité à ce que Sherpake appelle aujourd'hui l'« âme de la nature ». Réduire les animaux à de simples machines, à des « choses », à des automates, est à l'évidence une erreur que l'écologie aura toutes les peines du monde à redresser, tant nos mentalités restent imprégnées par l'idée de notre absolue supériorité sur tous les autres vivants. Or, on a vu comment la conscience n'est pas apparue abruptement avec l'homme, mais émerge progressivement tout au long de l'évolution pour, il est vrai, exploser, s'épanouir et culminer en l'homme. En séparant aussi radicalement l'âme du corps – ce que n'avaient jamais fait ni les Hébreux de l'Ancien Testament, ni les premiers Pères de l'Église –, Descartes introduit ce que Franck Cosson, dans un récent essai critique, appelle une « rupture anthropologique dans la mesure où, d'une certaine manière, l'homme s'oppose à lui-même, puisque composé à la fois d'une partie corporelle, matérielle et sensible, et d'une autre partie immatérielle et purement intelligible ; il a en lui-même deux principes ou deux ordres de réalité hétérogènes l'un à l'autre et qui ne peuvent être envisagés qu'en termes d'opposition. La dualité qui caractérise ainsi la nature de l'homme devient, à l'intérieur du sujet, une tension et une opposition difficilement surmontables. Celui-ci est donc affecté d'une scission interne : s'il s'oppose à la nature extérieure, il s'oppose également à la nature qui est en lui ; il s'oppose donc, partiellement au moins, à sa propre nature[1]. »

En janvier 1650, invité de la reine Christine de Suède, Descartes est victime d'une pneumonie. Au huitième jour de sa maladie, il reconnaît ses erreurs, estimant que « Dieu avait permis que son esprit demeurât si longtemps embarrassé dans les ténèbres de peur que ses raisonnements ne se trouvassent pas assez conformes à la volonté que le Créateur avait de disposer de sa vie... ». Il fit alors chercher son directeur de conscience et mourut le 11 février 1650 au matin, rejoignant – mais par une autre voie, moins mystique – les intuitions ultimes de Thomas. Son corps fut d'abord inhumé au cimetière des enfants morts sans baptême, puis transféré en France en 1667. Il repose aujourd'hui en l'église de Saint-Germain-des-Prés, dans une chapelle située à droite du chœur.

Thomas et Descartes ont illustré, chacun à sa manière, les capacités du cerveau gauche, même si ce fut dans des harmonies différentes et propres à chacun. À l'inverse, Pascal rejoint François par son souci d'apologétique chrétienne et par une nette subordination de la rationalité à la foi, comme le fit aussi, pour son compte, saint Thomas d'Aquin. Dans la Renaissance finissante, Descartes, lui, illustre mieux que tout autre les possibilités du discours rationnel qui fondera les sciences et techniques contemporaines.

1. Franck Cosson, communication personnelle.

Pascal le génial, l'intuitif, le mystique, illustre la prééminence du cerveau droit. Avec Descartes le philosophe, le scientifique rationnel, s'amorce au contraire, en Occident, le mouvement, amplifié de siècle en siècle, qui aboutira à l'absolue prééminence du cerveau gauche, caractéristique de notre temps. Descartes privilégie le jugement déductif qui fonde littéralement la science moderne tout en engendrant aussi l'une de ses faiblesses : le réductionnisme. On en lit les commandements bien connus dans le *Discours de la méthode* :

« Le premier était de ne recevoir jamais aucune chose pour vraie que je ne la connusse évidemment être telle : c'est-à-dire d'éviter soigneusement la précipitation et la prévention ; et de ne comprendre rien de plus en mes jugements que ce qui se présenterait si clairement et si distinctement à mon esprit que je n'eusse aucune occasion de le mettre en doute. Le second, de diviser chacune des difficultés que j'examinerais en autant de parcelles qu'il se pourrait et qu'il serait requis pour les mieux résoudre. Le troisième, de conduire par ordre mes pensées, en commençant par les objets les plus simples et les plus aisés à connaître, pour monter peu à peu, comme par degrés, jusqu'à la connaissance des plus composés ; et supposant même de l'ordre entre ceux qui ne se précèdent point naturellement les uns les autres. Et le dernier, de faire partout des dénombrements si entiers, et des revues si générales, que je fusse assuré de ne rien omettre. »

Pascal est au contraire plus sensible aux relations subtiles qui lient les choses et les êtres les uns aux autres en réseaux d'une complexité inouïe. Il écrit : « Toute chose étant causée et causante, aidée et aidante, médiatement et immédiatement, et toutes s'entretenant par un lien naturel et insensible qui lie les plus éloignées et les plus différentes, je tiens pour impossible de connaître les parties sans connaître le tout, non plus que de connaître le tout sans connaître les parties. »

Ces lignes peuvent être considérées comme l'un des textes fondateurs de l'écologie, voire d'une science ouverte, opposée au réductionnisme simplificateur encore trop répandu aujourd'hui dans toutes nos disciplines, hormis peut-être l'astrophysique.

Ainsi, à l'aube des temps modernes, Pascal et Descartes illustrent-ils le vieux débat opposant science et croyance, déduction et intuition, analyse et synthèse, qui continue à alimenter nos controverses contemporaines.

CHAPITRE V

Science et foi : affrontements et ruptures

Alors que Pascal s'émerveillait devant les dimensions infinies de l'univers, le mouvement de fond qui, de Thomas d'Aquin à Descartes, avait commencé à promouvoir une science autonome, devait déjà beaucoup, en ce début du XVIIe siècle, aux progrès de l'astronomie. Cette science venait en effet de porter un coup sévère aux croyances et représentations du monde qui, depuis l'astronome grec Ptolémée (IIe siècle) et même Aristote, avaient eu cours durant près de deux millénaires.

Fidèle au vieux système de Ptolémée, l'astronomie du Moyen Âge pensait encore que la Terre était au centre de l'Univers, et que les planètes, la Lune, le Soleil gravitaient autour d'elle ; ce mouvement apparent des « astres errants » s'inscrivait dans le ciel sur la « sphère des fixes » – nous dirions aujourd'hui le « monde des étoiles » qui apparaissait déjà comme plus lointain que celui des planètes, constituant en quelque sorte le fond de décor devant lequel celles-ci passaient et repassaient dans leur mouvement de rotation autour de la Terre. Ce mode de représentation était jugé conforme à l'enseignement de la Bible : n'y lit-on pas que Dieu a établi la Terre « immobile sur ses bases », que le Soleil « se lève et se couche », donc tourne bien autour de la Terre, et que Josué arrêta sa course de même que celle de la Lune, lors de la bataille de Gabaon[1] durant la conquête du nord de la Palestine par les Hébreux ? Rien d'étonnant d'ailleurs à ce que la Terre soit au centre du monde, puisque l'homme qu'elle abrite est bien lui-même au faîte de la Création, créé par Dieu le sixième jour. Ces représentations, solidement ancrées dans la conscience populaire et confirmées au fil des siècles par les Pères de l'Église, vont subir le choc frontal des découvertes de quatre savants de la Renaissance qui ont laissé leur nom dans l'Histoire.

L'astronome polonais Nicolas Copernic, chanoine de Frauenburg, ouvrit le feu dès l'an 1500. Il se rendit à Rome cette année-là, fréquenta la Curie, puis s'inscrivit à diverses facultés de droit et de médecine, tout en accordant la prédilection à ses travaux de recherches en astronomie. Travail prudent, certes, car à la manière des grands savants de son temps, et plus encore des alchimistes médiévaux, il ne partageait pas l'opinion, aujourd'hui communément admise, que la

1. Jos, 10-12.

science ne vaut que par les publications qu'elle génère, la valeur d'un scientifique se mesurant au poids de ses communications ! Au contraire, il pensait « ne confier les secrets de la philosophie qu'à des amis fidèles et à des proches, et ne pas mettre ses secrets par écrit, ni les révéler à n'importe qui... ». Or, le secret de Copernic, fruit de ses calculs et observations, est que la Terre tourne autour du Soleil, et non l'inverse. Une véritable révolution, la fameuse « révolution copernicienne », qui devait bouleverser radicalement les rapports de la science et de l'enseignement biblique. Les théologiens ne s'y trompèrent pas, et les sentiments anticoperniciens se propagèrent rapidement aussi bien dans les milieux luthériens qu'au sein de l'Église catholique, le monde protestant se montrant toutefois le plus réservé, voire le plus hostile. L'œuvre de Copernic ne fut en réalité publiée que l'année de sa mort, en 1543, par son unique élève, Rhéticus. La tradition veut que ce soit le jour même de son trépas, le 24 mai 1543, qu'un exemplaire de l'édition de Nuremberg de son fameux *De revolutionibus* lui soit parvenu alors qu'il était sur le point d'expirer. Plus question, dès lors, de le traîner devant quelque tribunal ecclésiastique, d'autant moins que, l'année précédente, Copernic avait pris soin de dédicacer son œuvre au pape Paul III par un texte rédigé de sa main qui reste l'un des plaidoyers les plus convaincants en faveur de la liberté d'expression. L'astronome polonais y fait preuve d'une clarté d'esprit et d'un courage qui démentent l'expression de « chanoine craintif » sous laquelle Arthur Koestler l'a désigné dans son ouvrage *Les Somnambules*. En fait, comme d'autres le feront plus tard, en particulier Darwin, Copernic propose une représentation nouvelle de l'Univers, sans toutefois y apporter encore toutes les démonstrations scientifiques pertinentes ni toutes les explications nécessaires : il ouvre en quelque sorte la voie aux savants qui viendront après lui. En ce qui le concerne, il se contente, pour parler le langage des échecs, de « roquer » la place de la Terre et celle du Soleil, sans toucher autrement au complexe système de Ptolémée qui avait imaginé toute une série d'« épicycles », d'« excentriques », etc., pour rendre compte du mouvement apparent des planètes dans le ciel.

Quelques années plus tard, l'astronome anglais Thomas Digger va plus loin : il propose de supprimer la sphère extérieure, cette fameuse « sphère des fixes » à laquelle Copernic n'avait pas voulu s'attaquer et sur laquelle on pensait qu'étaient piquetées les étoiles. Du coup, l'Univers devient infini, ce qui inspira à Giordano Bruno les thèses et hypothèses qui devaient le conduire sur le bûcher.

L'Italien Giordano Bruno entre à dix-sept ans au couvent des dominicains de Naples. De son vivant, il ne cessa de faire contre lui l'unanimité des théologies catholique, calviniste et luthérienne, dont aucune ne put accepter sa méthode de libre recherche métaphysique. Pour lui, l'idée d'infini devenait en quelque sorte un espace de projection de ses rêves et utopies. Il n'hésitait pas à imaginer un Univers peuplé d'autres créatures vivantes, douées d'une âme à l'instar de l'homme ; mais *quid* de ces créatures ? Étaient-elles aussi rachetées par le sang du Christ ? Voilà de nouveaux problèmes posés à la perspicacité des théologiens et que, trois siècles plus tard, ils n'ont toujours pas résolus. Il est vrai que le reste de l'Univers s'obstine à rester vide, non seulement de toute présence d'êtres doués de raison, mais même de toute vie...

Les spéculations de Bruno allaient bien plus loin que celles de Copernic ; aussi dut-il émigrer de ville en ville et d'université en université. On le trouve à Genève, fuyant un procès en hérésie intenté à Rome contre lui. Mais la rigueur calviniste l'oblige à fuir de nouveau. Il va alors à Toulouse, puis à Paris, en Sorbonne. En 1583, il enseigne à Oxford. Il se réfugie ensuite en Allemagne luthérienne, à Wittenberg, puis à Prague, à Helmstädt et Francfort. Invité à Venise, il y rencontre Galilée avant d'être livré par un de ses amis au Saint-Office. Longuement « questionné » dans le sens que le Moyen Âge donnait à ce mot, c'est-à-dire soumis à la torture, il refuse de renier ses thèses et meurt brûlé vif à Rome, le 17 février 1600.

Anticonformiste au tempérament vindicatif et provocateur, Giordano Bruno manifestait des traits de caractère strictement interdits à tout esprit réellement novateur, et qui ne firent qu'ajouter, aux contradictions suscitées par la controverse intellectuelle, les allergies imputables à l'agressivité. La sympathie qu'inspire cet esprit libre et courageux laisse évidemment dans l'ombre les obscurités et imperfections de son œuvre. On comprend que les libres penseurs et, plus généralement, tous les penseurs en butte au conformisme de leur époque aient pu se référer à lui.

Vint ensuite l'Italien Galileo Galilei, dit Galilée, qui, près d'un siècle après Copernic, apporta de nouvelles preuves à l'héliocentrisme copernicien. Galilée nous a laissé l'image d'un solide gaillard particulièrement rebelle aux structures conservatrices qui nuisent à l'indépendance d'esprit. Il n'hésite pas à dauber imprudemment sur le port de la toge, défiant ainsi savants et théologiens de son temps. C'est un réaliste un peu naïf, qui ne recule devant aucune audace pour s'assurer les sympathies, d'ailleurs nombreuses, que ses théories ont su lui attirer, y compris parmi les plus éminents princes de l'Église. L'argumentaire de Galilée en faveur des thèses coperniciennes était, il est vrai, de poids. En 1609, il construit sa fameuse lunette astronomique qu'il pointe d'abord sur la Lune, dont il mesure la hauteur des montagnes. Il découvre ensuite les fameux satellites de Jupiter – les quatre satellites « galiléens », comme on les appelle encore aujourd'hui –, ainsi que, plus loin, l'anneau de Saturne. Il se taille aussi un grand succès en mettant en évidence les phases de Vénus, comparables à celles de la Lune. Initiateur et promoteur de l'observation rapprochée des astres, il modifie radicalement l'image que l'on se faisait encore, en son temps, des corps célestes. De l'observation des mouvements des satellites de Jupiter, inconnus jusque-là, il déduit celui de la Lune qui, à leur image, gravite autour de la Terre. Son activité débordante n'est entravée que par les accès de la maladie qui le clouent périodiquement au lit durant de longs mois.

Les découvertes de Galilée provoquent toutes les réactions que l'on imagine. Il n'hésite pas, en effet, à aborder de manière directe les rapports de la science et de la religion, affirmant que, dans le domaine des phénomènes physiques, l'Écriture sainte n'a pas valeur de juridiction : « Nous n'avons pas à chercher dans l'Écriture un enseignement proprement dit d'astronomie. » Dans une lettre à la grande-duchesse Christine, il développe magistralement que « l'intention du Saint-Esprit est de nous enseigner comment l'on doit aller au ciel, et non comment va le ciel... ». Cette intuition génialement moderne, départageant les domaines respectifs de la science et de l'enseignement biblique, n'a toujours pas, trois siècles plus tard, été communément admise ni comprise par certains de nos contemporains. Les uns, fondamentalistes, surtout aux États-Unis, dans les milieux réformés et les sectes, continuent obstinément à prendre la Bible au pied de la lettre, y compris les récits de la Création relatés dans la Genèse. Les autres, bien plus nombreux, éblouis par les progrès de la science, considèrent la Bible comme parfaitement obsolète : son message proprement religieux est passé au compte des pertes et profits ; de la longue aventure de l'hébraïsme puis du christianisme, il ne reste à leurs yeux qu'une simple mythologie, à classer désormais, comme la grecque, au rayon des souvenirs historiques de l'humanité. Entre ces positions extrêmes mais fréquentes, reste la voie médiane de ceux pour qui la Bible rend compte d'un enseignement religieux sans empiéter en rien sur les recherches et acquis de la science. *In medio stat virtus*... Mais il fallut et il faudra encore beaucoup de temps pour faire admettre à tous que la Bible est un livre à visée strictement religieuse, donc intemporelle, non un manuel de sciences naturelles ! Tant il est vrai qu'en ce domaine, les auteurs sacrés n'en savaient évidemment pas plus que leurs contemporains...

L'hostilité que Copernic avait déclenchée contre ses thèses, liguant les partisans d'Aristote et de Ptolémée au sein d'un lobby philosophique « puissant et dominateur », se reporta sur Galilée. Publié en février 1632, son célèbre *Dialogue sur les deux principaux systèmes du monde* acheva de le compromettre ; le pape Urbain VIII crut se reconnaître sous les traits de Simplicio, l'aristotélicien trop soucieux de défendre la tradition, et Galilée perdit son appui. Traduit devant le Saint-Office à l'âge de soixante-dix ans, il se défendit avec peine et dut prononcer à genoux l'abjuration de sa doctrine. La tradition rapporte qu'en se relevant, il frappa la terre du pied et s'écria : « Et pourtant, elle tourne ! »

Galilée eut peut-être le tort de ne pas imaginer qu'en matière scientifique, les hypothèses, voire les théories, même si une série d'arguments convergents plaident en leur faveur, ne valent pas nécessairement affirmation d'une vérité définitive et éternelle. Car la science aussi progresse par à-coups et ignore les dogmes. C'est ce que la physique n'a pas manqué de démontrer... mais au XXe siècle seulement ! C'est là, semble-t-il, l'essence même du procès de Galilée. On lui aurait sans doute accordé de proposer un autre système de représentation du monde, mais on ne lui pardonna pas d'apparaître bardé de certitudes à une époque où la cohérence qui avait marqué la pensée médiévale était ébranlée de toutes parts. Par bien des points, en effet, l'époque de la Renaissance est comparable à la nôtre : elle voit abolir des certitudes et représentations anciennes et sécurisantes du monde. Le Saint-Office ne s'honora guère en condamnant Galilée, mais il le fit sans doute plus par peur du changement que pour toute autre considération. Notons qu'il a fallu attendre 1992 pour que le pape Jean-Paul II fasse faire amende honorable à l'Église en réhabilitant le célèbre astronome !

Copernic, Galilée, Giordano Bruno : trois tempéraments inédits, trois réformateurs, fondateurs de l'esprit scientifique, en un temps où les idées de la Réforme, rapidement diffusées en Europe, ébranlaient les fondements de l'ordre ancien. Du premier, on retient la « révolution », du second son procès, du troisième sa condamnation au bûcher ; ces deux derniers, tombés au champ d'honneur de la science, symbolisent ses premiers martyrs et marquent une étape décisive dans la conquête de son autonomie. Les effets de ce choc frontal entre science et religion continuent à marquer profondément les mentalités contemporaines : situation que connaîtra encore, *mutatis mutandis,* au milieu de notre siècle, un Teilhard de Chardin, grand scientifique et grand penseur confronté lui aussi aux certitudes dogmatiques et aux rigueurs du pouvoir ecclésiastique romain.

Les bouleversements de l'astronomie conduisirent à l'élaboration d'une nouvelle représentation du ciel ; ils eurent aussi pour conséquence une remise en question radicale des croyances astrologiques qui avaient jusque-là fait partie intégrante de l'astronomie. Car les Anciens liaient l'observation des astres à leur influence supposée sur la destinée humaine. D'origine chaldéenne pour ce qui concerne l'Occident, l'astrologie plonge également des racines en d'autres civilisations : Égypte, Inde, Chine, Amérique centrale. À Babylone, les grands de l'époque sont friands de présages ; mais les dangers annoncés par les astrologues peuvent être conjurés par des rites ou des sacrifices, car les Babyloniens se refusent à croire à la fatalité du destin. Le stoïcisme grec voit en revanche dans les astres les implacables instruments de la fatalité, manière de voir contre laquelle le jeune christianisme s'élèvera avec vigueur. L'adage si souvent cité aujourd'hui encore par la plupart des astrologues, *astra inclinant non necessitant* (les astres inclinent mais n'obligent pas), remonte au tout début de l'ère chrétienne.

L'astrologie a connu une période particulièrement faste au Moyen Âge où Albert le Grand et Thomas d'Aquin insistaient sur l'influence des astres dans la vie des hommes ; ils les considéraient l'un et l'autre comme les instruments physiques de la volonté divine. On constate encore le chemin parcouru depuis le Moyen Âge lorsqu'on se souvient que, pour Roger Bacon, digne héritier d'Aristote au XIIIe siècle, « alchimie, astrologie et magie sont les trois éléments de base des sciences naturelles ». Même position chez les Arabes : le Coran n'interdit pas l'astrologie, mais les astres sont considérés comme des signes de la volonté de Dieu, sans que les prédictions opérées puissent revêtir un caractère fatidique. Pour l'islam comme pour le christianisme, « les astres inclinent mais ne déterminent pas » !

Toutefois, l'astrologie demeure encore profondément géocentrique et analyse l'influence des luminaires et des planètes dans leur ronde apparente autour de la Terre, notamment au moment précis de la naissance du sujet. Kepler, mort en 1630, aura sans doute été le dernier astronome-astrologue. Pour lui, le ciel, « s'il ne donne pas à l'homme ses habitudes, son histoire, son bonheur, ses enfants, sa richesse, sa femme, ne façonne pas moins sa condition ».

Le rationalisme exposé dans le *Discours de la méthode* porte un coup fatal à ces croyances que ne justifiait aucun fait scientifique démontrable. L'Église de la Contre-Réforme ayant, de son côté, durci ses positions vis-à-vis de l'astrologie, celle-ci se trouve du même coup condamnée et par la science et par l'Église. Son enseignement disparaît des universités et, en 1660, Colbert l'interdit en France. Interdiction que le siècle des Lumières, notamment dans les pages de l'*Encyclopédie*, ne fera que confirmer en des termes on ne peut plus rudes et méprisants. De fait, l'astrologie se réfugie alors dans de petits cénacles d'initiés et disparaît de la scène publique pour ne resurgir en force qu'au milieu du XXe siècle où elle réoccupe une place croissante dans les croyances populaires.

Parallèlement, l'alchimie, elle aussi malmenée par le progrès des sciences positives, finit par rendre les armes. Plus question de transformer les métaux en or, même si le symbolisme l'emporte ici, semble-t-il, sur la simple chimie des éléments. Comme dans le bouddhisme zen, jadis si pratiqué au Japon, c'est en effet la perfection du geste qui est plutôt recherchée ; et c'est le chercheur lui-même qui est l'objet de transformations et métamorphoses : celles-ci accomplissent en quelque sorte une chimie de l'âme, exigeant discipline rigoureuse et justesse permanente de l'attitude et du geste. Ce sont notamment les découvertes de Lavoisier sur la composition chimique de l'eau qui rejetteront l'alchimie – encore si prisée moins de deux siècles plus tôt – par le Suisse Paracelse, hors du discours officiel de la science. Toutefois, après avoir jeté les bases de la chimie moderne, Lavoisier fut à son tour victime du mépris qu'une Terreur révolutionnaire aveugle vouait aussi bien aux savants. Accusé par le conventionnel Antoine Dupin d'avoir appartenu naguère au corps des fermiers généraux – c'est-à-dire au corps des collecteurs d'impôts du Roi –, Antoine-Laurent de Lavoisier se constitua prisonnier le 28 novembre 1793. Son procès eut lieu le 8 mai 1794 à 10 heures du matin, et il fut conduit à l'échafaud le jour même. Affaire rondement menée : il mourut victime d'une forme dévoyée de la foi révolutionnaire comme Giordano Bruno était mort, deux siècles plus tôt, victime d'une forme dévoyée de la foi religieuse. À chaque époque ses martyrs !

La science, désormais libérée de la tutelle du pouvoir ecclésiastique et débarrassée des vieilles croyances médiévales telles qu'astrologie et alchimie, affirme tout au long du XIXe siècle son autonomie et sa préséance. On se souvient que Napoléon demanda à l'illustre savant Laplace pourquoi, dans son ouvrage sur la *Mécanique céleste*, il n'avait pas fait mention du « Grand Architecte de l'Univers ». À cette question, Laplace répondit fièrement : « Sire, je n'ai pas besoin de cette hypothèse ! »

L'astronomie, la physique, la chimie étant désormais entrées dans le seul champ des sciences positives, il était naturel que la biologie suivît le mouvement, et c'est à Darwin qu'elle le doit. En publiant en 1859 son célèbre ouvrage, *De l'origine des espèces au moyen de la sélection naturelle*, il conféra une base scientifique au concept d'évolution, ébranlant du même coup la croyance, communément partagée jusque-là, en une création originelle de toutes les espèces, l'homme y compris, telle que la rapporte la Genèse. Au contraire, Darwin voit dans le long et patient travail de la sélection naturelle le moteur d'une « création continue » où les embranchements, les classes, les ordres, les familles et les espèces apparaissent tout au long des ères géologiques, ainsi qu'en attestent les fossiles datés par les géologues. Lorsqu'il voit la nature soumise aux règles sévères du *struggle for life*, de la lutte pour la vie, base du principe de la sélection naturelle, il se fait en quelque sorte l'écho de l'austère pasteur Malthus qui, dès le début du XIXe siècle, montrait que la loi du plus fort finit toujours par s'imposer en provoquant l'élimination du plus faible. En somme, Darwin retrouvait dans la nature les lois explicitées par Malthus et appliquées par lui à la société. Dans la nature comme dans la société, le « milieu » trie les individus les plus aptes et élimine les autres, comme le font les éleveurs ou les horticulteurs dont les méthodes d'amélioration des races domestiques avaient impressionné Darwin. Pour lui, la nature procède de même : une lente dérive de la forme, de la constitution et des êtres, d'où le phénomène d'évolution.

Darwin ne craint pas d'appliquer son principe de sélection naturelle aux origines biologiques de l'homme. Comme toutes les autres espèces, celui-ci devient le fruit d'un long et patient travail de sélection poursuivi au fil des millénaires, qui l'aurait peu à peu extrait de sa condition animale initiale. L'humanité peut dès lors être considérée comme une espèce animale comme les autres, plongeant ses racines dans le phylum des primates. Darwin a parfaitement perçu les conséquences de cette théorie et, dans un ouvrage paru en 1871, *La Descendance de l'homme et la sélection sexuelle,* il s'en inquiétait quelque peu. Une lady anglaise, informée de ses travaux, confiait à un ami : « Descendants des singes ? Mon cher, espérons que ce n'est pas vrai, et, si ça l'était, pourvu que la chose ne s'ébruite pas !... » La « chose » s'est évidemment ébruitée, et nul n'ignore plus aujourd'hui que l'homme descend, comme les singes, d'un lointain ancêtre commun.

Bien plus encore que la révolution copernicienne, la révolution darwinienne bouleverse complètement les anciennes représentations du monde. Non seulement la Terre n'est plus au centre de l'Univers, mais voici que l'homme ne semble pas davantage un être singulier façonné par Dieu avec de la glaise et ayant en Ève et Adam ses premiers parents... Voici donc contesté de plein fouet le double récit de la Création figurant dans la Genèse, qui fondait jusque-là l'originalité et la filiation divine de l'homme, lui conférant un statut sans égal parmi les autres créatures. Bref, le « transformisme », comme on disait jadis, se révèle encore plus sulfureux que l'héliocentrisme copernicien.

Ayant ruiné cette ultime croyance, la science de la fin du XIXe siècle sortait victorieuse sur tous les terrains où elle avait combattu. « Dominatrice et sûre d'elle-même », elle détenait désormais « la » vérité, reléguant définitivement croyances et religions au rayon des vieilles lunes de l'obscurantisme. Ainsi débutait l'ère du scientisme triomphant.

Parallèlement, l'Église romaine est acculée à se replier sur son pré carré. Naguère contrainte à la défensive lors du mouvement de la Contre-Réforme, elle se doit à présent de mener le combat sur un double front : celui de la science et celui des autres confessions chrétiennes issues de la Réforme. Fidèle à sa tradition et à ses dogmes, elle n'en continue pas moins à hésiter à mettre la Bible entre toutes les mains, préférant les catéchismes et codifications rationnelles du message révélé. Bref, en Occident, la rationalité tient désormais les choses bien en main, et ce dans tous les camps, tandis que mystère et mystique deviennent synonymes, pour beaucoup, de mystification.

Cette éclatante victoire du cerveau gauche et d'un rationalisme réducteur hérité de Descartes et des Lumières n'exclut pas pour autant, même en Occident, toute expression mystique. Le courant des grands saints et des grands mystiques de toutes religions et de tous les temps s'enrichit de quelques fortes personnalités comme une Thérèse de Lisieux ou un Jean-Marie Vianney, curé d'Ars, en même temps que certains lieux commencent à drainer des pèlerins de plus en plus nombreux : ainsi Lourdes dont le message fut transmis par Bernadette Soubirous en 1858, un an à peine avant la publication de l'ouvrage de Darwin. Bref, le cerveau droit, pour poursuivre notre métaphore, continue à se manifester, mais dans des phénomènes marginaux. Point de charismatiques, à l'époque ! L'Église manifeste d'ailleurs la plus grande prudence, quand ce n'est pas la plus franche hostilité à ces manifestations si peu compatibles avec la rationalité ambiante. La mystique est abandonnée aux Églises orientales dont les flamboyantes effusions tranchent singulièrement sur la sécheresse et la rationalité des textes pontificaux. Seul en Occident, l'art, dominé alors par l'impressionnisme, semble échapper à l'étau étouffant du rationalisme omniprésent.

Bref, la fin du XIXe siècle apparaît, pour reprendre le mot utilisé jadis par Talleyrand à l'encontre des Jacobins, comme le temps des « terribles simplificateurs ». Spectaculaire illustration du réductionnisme cartésien, ce siècle s'achève, surtout en France, sur ces « terribles simplifications » que l'affrontement entre curé et instituteur, libre-penseur et calotin, illustrèrent jusqu'à la caricature. En résulta le plus puissant des clivages politiques, puisqu'il dure et perdure à travers tout le XXe siècle, séparant – aujourd'hui encore pour une bonne part – une droite et une gauche qui ne disposent plus, pour se distinguer et se reconnaître, que de cet ultime critère. Chaque camp suscite ses clercs et ses prophètes, car la science, elle aussi, devient alors religion. De leur côté, les théologiens dissèquent, analysent, rationalisent, conceptualisent le mystère selon des voies et des méthodes que l'on dira, conformément à notre métaphore, typiques de l'hémisphère cérébral gauche. Aucune once de mystique dans ces longues, laborieuses et sèches démonstrations où, bien vite, le profane défaille, stupéfait que le message du Christ, si limpide, ait pu engendrer d'aussi austères spéculations.

Bref, en ce XIXe siècle finissant, Descartes l'emporte sur Pascal, et Thomas d'Aquin sur François d'Assise : ce sont en quelque sorte deux scientismes qui s'affrontent et se heurtent, deux rationalités où la science de Dieu, celle des théologiens, et la science tout court, celle des savants, se mesurent avec les mêmes armes. Mais ce serait faire injure à la raison que de la désigner comme le bouc émissaire d'une époque qui eut sans doute le tort de réduire l'homme à cette seule dimension ; car la raison, si elle est le propre de l'homme et son honneur, n'est cependant pas *tout* l'homme : celui-ci est mû aussi « dans son animalité » par les lois qui s'imposent à tout le vivant, ce qui ne peut que lui inspirer des réflexions d'une profonde humilité ; et, parce qu'il est homme, nous y reviendrons, il est ouvert aussi à plus grand que lui, ce qui ne doit pas pour autant occulter ladite humilité.

En ce XIXe siècle, le scientisme apparaît donc en Occident comme le centre de gravité de toutes les certitudes : la science, se devant de libérer l'humanité, devient le gage de tous les futurismes, de toutes les utopies. Ce paysage, que l'on eût pu croire figé, connut à son tour, dès le début du XXe siècle, d'amples bouleversements ; et, durant tout ce siècle, l'on verra le cerveau droit réaffirmer un rôle qui s'était estompé avec le mouvement rationaliste et réductionniste des sciences positives, mettant à mal le scientisme, cette nouvelle et très éphémère religion de la science.

CHAPITRE VI

Science et foi : nouveaux repères et ouvertures

Ainsi, à l'aube de ce siècle, les deux voies de la connaissance, celle de la foi religieuse et celle de la rationalité scientifique, s'affrontent durement. La première plonge ses racines dans le tréfonds de l'histoire humaine lorsque, émergeant lentement à la conscience, l'homme commença à enterrer ses morts, manifestant ainsi l'altruisme propre à l'espèce et son espérance dans une vie au-delà de la mort. Du point de vue de la science telle qu'elle s'affirme dans son autonomie depuis le XVIe siècle, ces croyances sont irrationnelles, ou non rationnelles, dans la mesure où elles ne peuvent se fonder sur aucune démonstration scientifique pertinente et satisfaisante. Car telle est bien la deuxième voie de la connaissance, codifiée pour la première fois par Newton dans ses *Règles de philosophie* : il y précise le chemin qui va de l'expérience rigoureuse à l'élaboration (ou à la déchéance) d'une théorie, définissant les principes de mesurabilité et de reproductibilité qui, par fertilisation réciproque, engendrent le progrès de la science. Comme le note pertinemment Marceau Felden à propos de la grande révolution scientifique de la Renaissance, « il s'agit désormais d'utiliser rationnellement la raison[1] » : « cela ne signifie naturellement pas, ajoute-t-il, que la raison n'existait pas auparavant, mais que les moyens et méthodes pour l'utiliser rationnellement restaient inconnus ». Désormais, l'expérimentation visant à confirmer ou infirmer une hypothèse devient le « bras séculier » de la méthode scientifique.

Mais voici qu'au tournant du XXe siècle, une véritable révolution se produit : la science contemporaine, s'exprimant dans le langage mathématique, en vient à énoncer des résultats *qui ne sont plus des évidences* pour la raison. Comble du paradoxe, celle-ci est obligée de « bégayer » pour se conformer aux résultats pourtant indiscutables des expériences et de leur transcription mathématique. Tel est bien le cas, dès 1916, des conséquences de la théorie de la relativité générale, proposée par Einstein ; elle conduit à abandonner l'espace géométrique usuel, dit euclidien, c'est-à-dire à trois dimensions, où nous avons l'habitude de nous mouvoir et qui servait jusque-là de cadre de référence, pour le remplacer par un espace-temps « courbe » fort difficile à conceptualiser, en tout

1. Marceau Felden, *Et si l'homme était seul dans l'univers ?*, Grasset, 1994.

cas impossible à visualiser dans ses quatre dimensions. Cet espace-temps n'est plus un cadre absolu et immuable dès lors que sa structure – ou plutôt sa courbure – dépend des masses qu'il contient. Et, comme tout devient relatif à tout, voici même que la propagation rectiligne de la lumière, considérée jusque-là comme un dogme, est à son tour contestée par Eddington, lequel met en évidence, dès 1919, lors d'une éclipse solaire, une déviation des rayons lumineux d'origine stellaire.

Avant de démontrer mathématiquement sa thèse, Einstein en eut d'abord l'intuition, comme nous l'avons vu plus haut, par la fulgurance « de signes et d'images plus ou moins clairs » qu'il s'efforçait d'associer et d'organiser dans sa tête. Bref, l'intuition, sans doute produite dans l'hémisphère droit du cerveau, ne donne naissance que dans un stade suivant aux longues et laborieuses élaborations des termes, des signes conventionnels et, finalement, des théories qui l'expriment. Il semble bien que chez Einstein et beaucoup d'autres chercheurs marqués du sceau du génie, l'imagination se manifeste comme un phénomène mental préalable au moins aussi subtil que l'intelligence, la création résultant d'une sorte de maïeutique où les idées se télescopent, se formulent, se confrontent, s'acceptent ou se rejettent avant que ne finisse par jaillir une « bonne idée » ; une telle élaboration met le cerveau dans un état de travail intense, de fébrilité, voire de transe, comme ce fut le cas précisément d'Isaac Newton dont on rapporte qu'il restait dans cet état, entre les murs de son appartement londonien de Trinity College, des heures durant... Ainsi, jusque chez l'auteur le plus en vue de la méthode scientifique, apparaissent en amont des états qui répugnent à la logique de la rationalité. Et quand ceux-ci aboutissent, comme chez Einstein, à la définition d'un espace courbe, cette même rationalité se trouve en quelque sorte prise à son propre piège.

Les choses s'aggravèrent encore avec l'avènement de l'idée de « quantum » qui, après celle de relativité, déclencha parmi la communauté des physiciens une nouvelle et violente tempête que décrit bien Étienne Klein : « L'arbre feuillu de la physique du début du siècle fut durement secoué par les vents nouveaux ; sa membrure puissante lui avait pourtant donné un air achevé, dominateur, qui avait fait croire à sa solidité. Ses ramures étaient fécondes et ambitieuses, elles exhalaient un parfum d'éternité... À cette époque, on avait pleinement confiance dans les racines de la physique ; on les croyait suffisamment enfoncées dans le réel pour supporter tout l'édifice du savoir. Sûre d'elle-même, la science pouvait légitimement prétendre devenir le socle orgueilleux de la connaissance humaine. Ne démontre-t-elle pas chaque jour un peu plus l'efficacité de ses méthodes et la vérité de ses discours ? Considérant qu'elle seule pouvait délivrer les certitudes absolues, certains penseurs éminents, tels Marcellin Berthelot, Hippolyte Taine ou Ernest

Renan, allèrent jusqu'à faire de la science, sinon un objet de culte, du moins un dogme indépassable. Ils attendaient d'elle rien de moins que la résolution de tous les problèmes qui se posent à l'humanité souffrante, y compris les problèmes moraux... Le scientisme, il est vrai, avait de quoi se pavaner et on peut trouver bien des excuses à son triomphalisme exagéré[1]. »

Un triomphalisme qui commença à en rabattre dès l'émergence de la théorie quantique qu'Einstein avait déjà pressentie en 1909 et que Thomson en 1925, puis Louis de Broglie en 1927, formulèrent en cherchant les mots susceptibles d'exprimer une réalité expérimentale proprement déroutante. Plusieurs expériences révélaient en effet que les électrons, les photons et autres corpuscules se comportent à la fois comme des ondes et comme des particules : une contradiction qui heurte le sens commun. Bref, en ce début du XXe siècle, tout se passait comme si la physique s'obstinait à formuler des lois et des explications qui n'étaient plus conformes avec les simples évidences dont se nourrit l'esprit humain.

Mais la physique quantique va plus loin et n'a pas fini de dérouter ses adeptes. Elle énonce que toute mesure apparaît comme une interaction entre l'objet mesuré et l'appareil de mesure : il existe entre les deux un couplage minimum qui

1. Bernard d'Espagnat et Etienne Klein, *Regards sur la matière. Des quanta et des choses*, Fayard, 1993.

n'est jamais nul. Une telle conception du rôle de l'observation était tout à fait étrangère à la physique traditionnelle et brouille la belle dialectique conceptuelle de l'objet et du sujet. C'est ensuite le beau schéma de l'atome en forme de système solaire, avec ses électrons gravitant autour du noyau, qui s'effondre à son tour : avec Eisenberg, on apprend désormais qu'il n'est plus possible de connaître simultanément la position d'un électron autour du noyau et son impulsion, c'est-à-dire le produit de sa masse par sa vitesse, ou, plus simplement, sa quantité de mouvement. « Nous nous retrouvons, dit Étienne Klein, dans la situation maintes fois citée du naturaliste qui voudrait étudier le comportement d'un oiseau qui ne chante que dans l'obscurité. S'il l'écoute, il ne peut le voir ; s'il le voit, il ne peut l'entendre. C'est très frustrant, surtout si l'animal est beau quand il chante[1] !... »

Bref, la physique du premier quart du XXe siècle semble se jouer des concepts, des règles et des évidences pourtant solidement ancrés par ses précurseurs, en s'aventurant dans l'univers incertain de concepts flous et provocateurs, comme autant de défis à l'esprit humain et à sa rationalité primaire.

Au terme de cet ouvrage consacré à la physique quantique[2], Bernard d'Espagnat pense que « de plus en plus, il apparaît comme hautement vrai-

1. *Op. cit.*
2. *Ibid.*

semblable (ici je ne dis pas "certain", car je n'ai pas de théorème qui me permettrait de le faire) qu'en définitive, cet existant dont je parle n'est pleinement connaissable ni par la science, ni plus généralement par la raison ». Prudent, il évite de se laisser entraîner sur le terrain de la transcendance ; il ajoute : « Je prends désormais la précaution, chaque fois que j'utilise les mots "réalité indépendante", de bien souligner qu'ils ne se réfèrent pas à une réalité pensée *a priori* comme transcendante, et donc indépendante de notre action, mais bien à une réalité dont, au départ, il est posé que son existence et ses attributs généraux sont indépendants de notre existence à nous, hommes. » Voici donc que la physique aboutit à l'une de ses limites, et celle-ci est le réel qu'elle ne peut plus prétendre embrasser, expliquer et expliciter dans sa globalité.

Les principes fondamentaux de la physique quantique restent parfaitement étrangers à nos contemporains. Comment pourraient-ils comprendre, par exemple, la métaphore, avancée par Ortoli et Pharabod[1], du *poisson soluble* ? Pour se représenter une particule, il convient d'imaginer un poisson dans l'eau d'une rivière ; comme l'électron, il n'occupe aucun point particulier de la rivière, et, pas plus que lui, il ne circule sous forme matérielle ; pourtant, quand on pêche le poisson, il devient bel et bien localisé au bout de

1. Sven Ortoli, Jean-Pierre Pharabod, *Le Cantique des quantiques : le monde existe-t-il ?*, Livre de poche, 1987.

la ligne. De même, l'électron devient ponctuel dès qu'on l'observe...

Tandis que le monde de la croyance (ou des croyances) va son chemin, celui de la science rationnelle voit se dresser devant lui des défis toujours nouveaux qui le conduisent à une perpétuelle remise en cause de ses bases et de ses acquis. Mais peut-être, après tout, ne peut-il qu'en être ainsi dès lors que l'homme, partie intégrante de l'univers, ne peut l'observer que de l'intérieur. De ce fait, toute connaissance rationnelle de l'univers possède une limitation intrinsèque due à ce que Marceau Felden[1] appelle l'« autoréférentialité ». Celle-ci revêt une importance toute particulière en ce qui concerne l'étude du cerveau, dès lors que se pose la question : « Le cerveau peut-il comprendre rationnellement le cerveau ? » On retombe ici sur l'imbrication étroite de l'objet et du sujet, de l'observateur et du fait observé. Bref, de par l'organe même qui la produit – le cerveau humain, objet sans doute le plus complexe de l'univers –, la science se trouve liée *a priori* à un système de références dont rien n'affirme qu'il soit apte à décrypter, décoder et décrire l'univers dans sa totalité ni dans chacun de ses constituants[2].

Si la physique quantique reste de la seule compétence d'un cercle restreint d'initiés, la physique nucléaire en revanche, en générant l'éner-

1. *Op. cit.*
2. Limites de la science, certes, mais non point de ses applications, qui, elles, avancèrent au grand galop durant tout ce siècle !

gie nucléaire, a fait grand bruit en cette seconde moitié du XXe siècle. Surgissant dans l'actualité avec la bombe d'Hiroshima, elle a alimenté ensuite un vaste débat d'opinion : les risques d'accidents que Tchernobyl, la plus grande catastrophe technologique de l'Histoire, a tragiquement illustrés, le problème de la gestion des déchets, livrés aux générations futures et qu'elles devront gérer sur des milliers d'années, enfin l'émergence de réseaux parallèles de commercialisation de matières radioactives, conduisant droit à la prolifération tant redoutée, notamment dans les pays de l'Est, ont contribué au discrédit et au déclin de l'énergie nucléaire un peu partout dans le monde – mais non pas en France. Car, en ce domaine, le coq gaulois se dresse sur ses ergots avec une arrogance toute particulière, affirmant à la face des nations sa capacité de maîtriser les technologies les plus risquées. Des technologies que l'avenir considérera sans doute comme moralement inacceptables, sans compter le retard ainsi accumulé dans l'exploitation de l'énergie solaire, qui sera vraisemblablement l'énergie de demain.

Pour résumer en peu de mots, la physique du XXe siècle est fort déroutante en ce qu'elle pose un double défi : ses concepts « quantiques » sont proprement insaisissables par la raison commune, ses productions dans le domaine du nucléaire défient le simple bon sens qui ne peut accepter le transfert de déchets dangereux sur une longue succession de générations.

L'astrophysique, elle, a connu des développements au moins aussi spectaculaires depuis que Hubble postula l'expansion de l'univers (qu'Einstein aurait pu découvrir avant lui s'il était allé au bout de sa logique). Mais, qui dit expansion dit du même coup point de départ : c'est la théorie du big bang. Désormais, pour la plupart des astrophysiciens, l'univers a un commencement. Mieux encore, l'apparition de l'homme ne peut en être dissociée : il fallait que cet univers soit tel qu'il est pour l'engendrer. Si n'importe lequel de ses paramètres physiques – température, densité, etc. – avait à l'origine été différent, même avec des variantes infimes, jamais l'évolution n'aurait pu se déployer pour aboutir *in fine* à l'homme et à son cerveau. C'est le « principe anthropique » énoncé par l'astronome anglais Brandon Carter. Parmi les milliards d'univers qui auraient pu être créés en faisant varier les constantes physiques fondamentales de départ, seul le nôtre a été apte à engendrer la vie. Comme le dit le grand astrophysicien Frieman Dyson, « d'une façon ou d'une autre, l'univers savait que nous allions venir... ». Jacques Monod avait donc tort lorsqu'il écrivait, en privilégiant le hasard pur : « L'univers n'était pas gros de la vie, ni la terre de l'homme[1]. » Considérant que l'astrophysique postule un commencement, puis un développement historique aboutissant à l'homme, Trinh Xuan Thuan conclut que « la notion de création, écartée avec dédain par

1. Jacques Monod, *Le Hasard et la Nécessité*, Seuil, 1970.

Laplace et ses successeurs, trouve ainsi un support scientifique au moment où l'on s'y attendait le moins[1] ».

L'astrophysique a connu elle aussi quelques désillusions : en 1969, quand Mars révéla pour la première fois son visage aux sondes *Mariner 6* et 7, on n'eut aucune peine à comprendre que notre génération ne trouverait aucune trace de vie dans le système solaire, même si près d'un Français sur quatre admet encore croire aux extraterrestres. Ainsi, tous les habitants actuels de la Terre sont-ils destinés à y rester, et il en ira sans doute de même pour au moins plusieurs générations à venir. Comme le montre le programme *Seti* qui vise à établir une communication éventuelle avec d'autres entités intelligentes du Cosmos, pas le moindre signe de l'« ailleurs » ne nous a atteints jusqu'ici. Les responsables américains rechignent à proroger ce programme, et l'hypothèse des « petits hommes verts » demeure obstinément du domaine de la science-fiction. En revanche, les retombées de l'exploration du système solaire ont conduit à peupler la « banlieue » de la Terre d'innombrables satellites d'observation et de communication sans que personne ne se soit jamais posé la question, semble-t-il, d'une influence éventuelle de ces masses placées en orbite sur le globe terrestre et ses habitants. Ces innombrables émetteurs d'ondes sont-ils neutres ? Au fond, qu'en sait-on ? Qui sait si ne sur-

1. Trinh Xuan Thuan, *La Mélodie secrète*, Fayard, 1988.

giront pas, à ce propos, de nouveaux problèmes écologiques ?

Tandis que l'astrophysique continue de braquer ses télescopes sur le ciel, relayée par l'envoi d'engins spatiaux dans le système solaire, la biologie déploie ses talents dans les manipulations génétiques. L'astrophysique, elle, ne manipule pas : elle observe, elle photographie, elle simule sur ses puissants ordinateurs ; mais elle reste d'abord et fondamentalement une science « contemplative », et sans doute n'insistera-t-on jamais assez sur la beauté du ciel étoilé pour les mortels que nous sommes, et d'abord pour les astronautes, émus et fascinés par la splendeur de la Terre, vue de l'espace, dans son éternel ballet avec la Lune. Tous se sont exprimés en poètes, manifestant combien le cerveau droit retrouve son rôle dès qu'explosent les notions étroitement terrestres du temps et d'espace[1] ! Ainsi les sondes *Voyager I* et *II* nous ont-elles révélé les beautés de toutes les planètes du système solaire, à l'exception de Pluton, non encore visité à ce jour. Tout se passe ici comme si facultés technologiques et émotions esthétiques allaient de pair. Serait-ce l'instant d'une synthèse parfaitement réussie entre les deux hémisphères du cerveau ?

De la contemplation du ciel aux manipulations génétiques, il y a toute la distance qui sépare l'astrophysique de la biologie moderne. Pour avoir parlé un jour de « bricolage » génétique, j'encou-

1. *Cf.* Kevin W. Kelley, *Clairs de Terre*, Bordas, 1988.

rus les foudres de spécialistes attachés au terme de « manipulation », qui n'en est pourtant pas moins équivoque. Les gènes se manipuleraient-ils comme des agents secrets ? Ou comme le font, des foules, les spécialistes de la désinformation ? François Jacob n'a-t-il d'ailleurs pas utilisé le même mot de « bricolage » ? Quoi qu'il en soit, l'art d'intégrer dans le patrimoine génétique d'une espèce des gènes étrangers provenant d'une autre espèce, pour l'améliorer et en faire ainsi une espèce « transgénique », occupe actuellement la plupart des biologistes de la planète. Cette activité aurait fait frémir les rédacteurs de la Bible, si radicalement hostiles aux mélanges qu'ils ne toléraient point un équipage où eussent été associés un cheval et un bœuf ! Mais la biologie moléculaire, avec ses concepts simples et performants, n'a que faire de la Bible, et pas davantage des facéties de la physique quantique. Ses maîtres-mots sont génie génétique, biotechnologies, ADN, ARN, protéines, nucléotides, ribosomes, enzymes, gènes, bases, clones, etc. Un ensemble d'éléments s'agençant, s'imbriquant, se dupliquant dans le plus formidable jeu de mécano jamais inventé !

Curieusement, la biologie moléculaire paraît échapper totalement aux remises en question survenues dans la plupart des grandes disciplines scientifiques. Orientée vers l'amélioration des rendements et de la qualité des grandes cultures vivrières et vers les progrès de la médecine, surtout dans la lutte contre les maladies génétiques, elle est formidablement performante et recouvre à présent la quasi-totalité des orientations de recherche en biologie. Toutefois celles-ci continuent d'ignorer largement les recommandations du sommet de Rio de juin 1992 où l'on plaida pour le respect de la biodiversité, c'est-à-dire pour une meilleure connaissance et pour la sauvegarde des espèces animales et végétales existantes. Or, aucun biologiste, chercheur ou universitaire ne saurait prétendre de manière crédible consacrer ses travaux à l'inventaire des espèces animales ou végétales encore mal connues ou menacées, pourtant encore très incomplet. L'heureuse initiative de Francis Hallé et de son « radeau des cimes », permettant l'étude des espèces animales et végétales présentes dans la canopée des forêts tropicales humides, reste un cas isolé, en cela exemplaire, d'ailleurs financé pour l'essentiel sur fonds privés. La botanique et la zoologie, ces sciences naturelles et descriptives, chargées de décrire et nommer les espèces, sont désormais éliminées des universités comme le fut jadis l'astrologie sous Colbert. L'inventaire et la protection des espèces sauvages ne reçoit plus aucune attention des modernes gestionnaires de la science. Aussi est-ce dans des conservatoires créés à cet effet que s'effectue encore le travail de collection et de stockage. Ailleurs, à l'Université ou au CNRS, la règle est simple : hors la biologie moléculaire, les biotechnologies et le génie génétique, point de salut ! Ici, on en est encore au règne du réductionnisme et du positivisme. L'heure des grandes remises en cause conceptuelles, des approches holistiques sous la pression de la physique quantique, n'est pas près de sonner. Priorité à l'efficacité sur la spéculation.

La biologie moléculaire fit une irruption fracassante sur le devant de la scène, en 1970, avec le livre de Jacques Monod, *Le Hasard et la Nécessité*[1]. On put en l'occurrence mesurer l'impact colossal de ce type d'ouvrage lorsqu'il est signé par un prix Nobel et concerne une discipline à la mode et en pleine expansion... L'auteur concluait sur une profession de foi scientiste : « L'ancienne alliance est rompue, l'homme sait enfin qu'il est seul dans l'immensité indifférente de l'univers d'où il a émergé par hasard. Non plus que son destin, son devoir n'est écrit nulle part. » Ces déclarations péremptoires connurent à l'époque un écho médiatique extraordinaire. Se souvient-on de ces multiples interviews dans lesquelles Jacques Monod signifiait sans ambages leur congé définitif à toutes les philosophies, à toutes les religions, à toutes les croyances ? Oui, assurait-il, c'en est définitivement terminé avec l'ancienne Alliance, désormais remplacée dans le cœur de l'homme par l'austère religion de la science – ce que Monod appelait « le royaume », par opposition « aux ténèbres » dans lesquelles il englobait toutes les idéologies, les éthiques, les confessions de tous les pays et de tous les temps. Il se trouva qu'à l'époque, aucune voix autorisée

1. *Op. cit.*

ne parvint à s'élever assez fort pour faire prévaloir d'autres thèses. Jeune chercheur à l'époque, féru de science et de recherche, je fus traumatisé par ces « vérités » révélées « d'en haut » avec un tel aplomb, et qui n'étaient pas les miennes. Mais qui aurait eu le front et les moyens de contester cette nouvelle révélation des temps modernes ? Ce violent regain de scientisme a profondément marqué la biologie moléculaire, sans que, pour autant, la religion de la science ait fait jusqu'ici beaucoup d'adeptes. Hubert Curien rapporte que les derniers mots de Jacques Monod sur son lit de mort furent : « Pourquoi ? Pourquoi[1] ? » Tragique et fulgurante démonstration, sur les lèvres du savant à l'agonie, que cette science qu'il avait quasiment divinisée se révélait incapable de répondre. Dès qu'elle quitte le champ du « comment », elle déserte du même coup son domaine, qui n'est pas de traiter des origines ou des fins dernières. Toute prométhéenne qu'elle se veuille, la biologie n'a toujours pas été capable d'engendrer la vie : elle peut la détruire, l'analyser, la disséquer, non la créer *ex nihilo*. Et elle a encore bien du mal à en comprendre l'extraordinaire dynamisme, comme on le voit avec les virus du sida qui lui résistent si obstinément.

Si les thèses développées dans *Le Hasard et la Nécessité* ont aujourd'hui singulièrement vieilli, il n'en va pas de même du second pilier de la biolo-

1. Interview d'Hubert Curien, *La Vie*, 24 mars 1994.

gie : l'évolution. Une majorité de scientifiques continuent à se réclamer du dogme darwinien selon lequel la sélection naturelle, s'exerçant sur des individus porteurs ou non de mutations survenues au hasard, exercerait un tri constant qui aboutirait à façonner les espèces vivantes. Il est surprenant qu'une théorie aussi « courte », censée rendre compte à elle seule d'un phénomène aussi complexe, puisse continuer à bénéficier d'une telle faveur parmi les biologistes. En effet, la sélection naturelle n'explique en rien le gain de complexité que suppose l'élaboration des types initiaux des grands embranchements, pour lesquels les fossiles intermédiaires entre deux niveaux d'organisation n'ont jamais pu être trouvés : le darwinisme reste muet sur les nombreux maillons manquants. La sélection naturelle n'explique pas davantage la formation d'un organe comme l'œil, dont l'extrême complexité et les connexions avec les zones réceptrices du cerveau supposeraient une cumulation de mutations « dans le même sens » parfaitement improbable. On peut en dire autant du labelle mimétique des orchidées, pétale modifié et simulant à s'y méprendre un insecte femelle, qui attire sur la fleur des mâles abusés par ce leurre mais qui assurent au cours de leur visite le transport du pollen. On pourrait multiplier ce type d'exemples ; il n'empêche : pour beaucoup, le darwinisme reste un dogme indépassable. Un dogme, il est vrai, peu à peu écorné, comme on le voit dans l'ouvrage de

Michael Denton[1] qui conclut avec beaucoup de bon sens que « l'essentiel des mécanismes de l'évolution biologique reste encore inconnu... ». Je souscris mot pour mot à cette conclusion. Telle est d'ailleurs aussi la position du grand zoologiste français Pierre-Paul Grassé, celle de Jean Dorst, son élève, de M. Schutzenberger, d'Étienne Wolf, de Rémy Chauvin, pour ne citer que les Français. Pourtant, malgré la notoriété de ces auteurs et l'évidence de leurs démonstrations, le dogme darwinien résiste obstinément dans le discours officiel, si ce n'est toujours dans le secret de la réflexion ou la conviction intérieure. Pour combien de temps encore ? L'histoire seule le dira.

Les liens étroits qui unissaient le darwinisme au marxisme, fondés l'un comme l'autre sur la lutte et la compétition, impliquant le succès du plus fort, laissent présager que la chute du second entraînera tôt ou tard celle du premier. Engels, lisant Darwin, n'écrivit-il pas à Marx, le 12 décembre 1859 : « Au demeurant, ce Darwin que je suis en train de lire est tout à fait sensationnel. On n'avait jamais fait une tentative d'une telle envergure pour démontrer qu'il y a un développement historique de la nature, du moins avec un pareil bonheur[2]. » Marx, qui vit alors à Londres, a l'occasion de rencontrer Darwin. En juin 1862, il écrit à son tour à Engels : « Ce qui m'amuse, chez

1. Michael Denton, *Évolution, une théorie en crise*, Flammarion, 1992.
2. Joël de Rosnay, *Le Macroscope*, Seuil, 1975.

Darwin que j'ai revu, c'est qu'il déclare appliquer la théorie de Malthus aux plantes et aux animaux. Il est remarquable de voir comment Darwin reconnaît chez les animaux et les plantes sa propre société anglaise, avec sa division du travail, sa concurrence, ses ouvertures de nouveaux marchés, ses inventions et sa malthusienne lutte pour la vie. » Marx et Darwin furent en effet influencés l'un et l'autre par Malthus qui, dès la fin du XVIIIe siècle, avait insisté sur le rapport de dépendance liant le volume des populations aux ressources disponibles dans le milieu qu'elles occupent, et sur la compétition qui en découle pour l'appropriation de ces ressources au détriment des plus faibles. Avec l'idée de sélection se trouvait fondée dans son principe l'inégalité fondamentale des conditions d'existence imposées aux individus par la nature et par la société.

Cette notion de compétition biologique, en dehors de la signification nouvelle que Darwin lui confère lorsqu'il en fait le moteur de l'évolution, avait d'ailleurs été déjà perçue par les auteurs de l'Antiquité. P.-P. Grassé[1] cite Aristote pour qui « les animaux sont en guerre les uns contre les autres quand ils habitent les mêmes lieux et qu'ils usent de la même nourriture. Si la nourriture n'est pas assez abondante, ils se battent, fussent-ils de la même espèce. » Mais Aristote n'a pas poussé son raisonnement jusque dans ses ultimes conséquences, puisque l'idée d'évolution lui était

1. Pierre-Paul Grassé, *Évolution du vivant*, Albin Michel, 1975.

absolument étrangère. Pourtant, il s'était demandé « si, de cette lutte, n'auraient pu résulter l'extinction des formes insuffisamment adaptées aux conditions d'existence, et la conservation des formes bien adaptées ». Intuition géniale, mais aussitôt rejetée, car il estimait que les ressources de la nature étaient suffisantes pour rendre impossible la destruction d'une de ses œuvres, ajoutant que « tous les animaux ne sont pas en lutte, [et qu'] il en est aussi qui sont amis ».

Nul doute que de sombres nuages ne viennent menacer le néo-darwinisme. Bien qu'elle ait su intégrer certains apports postérieurs à Darwin, notamment en génétique et en biologie moléculaire, la théorie se révèle incapable de rendre compte de la genèse des embranchements ; cette fragilité ne lui permettrait pas de résister à de nouvelles découvertes fondamentales en biologie, même si cette discipline, comme la physique au début du siècle, est fâcheusement encline à croire et proclamer que son savoir acquis est exhaustif et indépassable.

Entièrement axée sur les biotechnologies et le génie génétique, l'évolution de la biologie en a fait des disciplines dominantes, impériales, qui appliquent aux disciplines voisines le principe d'exclusion compétitive si classiquement à l'œuvre en ce domaine : le plus fort prend la place de l'autre et l'élimine. Pourtant, dans le monde du vivant, la nature tend à freiner la rigueur de la compétition en réservant des niches écologiques « de survie » aux minoritaires. Il semble que rien de tel ne se produise dans la gestion des sciences où la pression de la biologie moléculaire se révèle irrésistible, tandis que d'autres disciplines sortent exsangues de la confrontation (anatomie, physiologie, immunologie, écologie, etc.).

En neurobiologie, Sir John C. Eccles[1], prix Nobel de Médecine en 1964, vient de publier un ouvrage qui équilibre quelque peu *L'Homme neuronal*[2] de Jean-Pierre Changeux, qui avait fait grand bruit en postulant à l'époque : « Les possibilités combinatoires liées au nombre et à la diversité des connexions du cerveau de l'homme paraissent suffisantes pour rendre compte des capacités humaines... Le clivage entre activité mentale et neuronale ne se justifie pas ; désormais, à quoi bon parler d'"esprit" ? » C'était aller encore plus loin que La Mettrie dont le fameux adage « le cerveau sécrète la pensée comme le foie sécrète la bile » avait longtemps dominé la neurobiologie. S'appuyant sur des hypothèses en relation avec la physique quantique, John Eccles inverse le raisonnement et fait du cerveau le récepteur de la conscience, et non plus son émetteur. Si le corps et le cerveau peuvent être comparés à un superbe ordinateur construit selon le codage génétique et les lois de l'évolution biologique, l'âme en reste, selon lui, le programmateur : « Le grand mystère, écrit-il, réside dans notre création en tant que programmateurs, ou

1. John C. Eccles, *Évolution du cerveau et création de la conscience*, Fayard, 1992.
2. Jean-Pierre Changeux, *L'Homme neuronal*, Fayard, 1983.

"moi" conscients, et dans l'association de chacun, tout au long de sa vie, avec son propre ordinateur. Ainsi l'esprit et le cerveau restent des entités séparées, mais la frontière entre elles peut être franchie dans les deux sens par une interaction dont la nature reste encore à définir. » J.-F. Lambert, concluant sur une série d'expériences, dont celles de Libet, abonde également dans ce sens : « Ces expériences particulièrement spectaculaires, dont l'interprétation reste largement problématique, témoignent selon nous du fait que la conscience du sujet pensant n'est pas réductible à des conditionnements neurophysiologiques[1]. »

De la neurobiologie à l'intelligence artificielle, il n'y a qu'un pas que beaucoup n'ont pas hésité à franchir allègrement. Enjambant hardiment le futur, des biologistes de renom, comme Richard Dawkins[2], affirment qu'une ère informatique ne manquera pas de succéder à l'ère biologique. La vie et l'intelligence seront alors représentées par des machines capables de se reproduire elles-mêmes ; nous ne serons plus que « les garçons de course des robots du futur », ou, comme le dit R. de Gopegui, « leurs animaux de compagnie[3] ». Bref, l'avenir appartiendrait aux superordinateurs intelligents. Hypothèse vivement contestée

1. Jean-François Lambert, *L'épreuve du sens en neurobiologie*, n° 5, Actes de la Fondation Benin, 1992.
2. Richard Dawkins, *Le Gène égoïste*, Armand Colin, 1990.
3. In Jean Staune, *Le Réenchantement du monde*, sous la direction de Christiane Rœderer (collectif), Publisud, 1993.

par Marceau Felden[1] qui insiste à bon droit sur le fait que le silicium ne pourra jamais être considéré comme compétitif par rapport aux subtils biotransmetteurs chimiques et électriques qui assurent la conductibilité entre les synapses des cellules du cerveau. Il n'empêche, les ordinateurs suscitent un engouement qui frise parfois l'idolâtrie : leur conception binaire, issue tout droit du cerveau gauche, ravit les esprits épris de logique et d'efficacité. Ils illustrent avec éclat la dépendance de l'homme moderne envers ces objets technologiques qui font quasiment partie de lui-même. Tel est déjà le cas de la voiture pour (presque) chacun de nous ; tel est encore davantage le cas aujourd'hui pour l'ordinateur : ses performances sans cesse améliorées conduisent les utilisateurs à lui dessiner un avenir digne de la science-fiction. L'un d'eux n'a-t-il pas réussi à battre, en 1994, le champion du monde des échecs Kasparov, lequel en fut d'autant plus affecté, dit-on, que le logiciel de l'engin était relativement peu sophistiqué ?

Si le nucléaire occulte aux yeux du grand public les apports spectaculaires et originaux de la physique quantique ; si les biotechnologies ont tendance à faire oublier le débat toujours sous-jacent sur les modalités de l'évolution ; si le mode de représentation dans l'espace des molécules par les biochimistes ne tient aucun compte de la physique quantique, laquelle exigerait de la biologie

1. *Op. cit.*

de nouvelles interrogations sur elle-même ; si, enfin, le triomphe de l'ordinateur contribue à masquer maints apports récents de la neurobiologie, il n'en demeure pas moins que dans toutes ces sciences, les dogmes scientistes et matérialistes, qui paraissaient jusqu'à une époque récente définitivement assurés, se trouvent ébranlés.

Il n'est pas jusqu'aux sciences humaines qui ont dû se remettre en question. Le temps n'est pas si éloigné où Marx, Freud, le structuralisme et la linguistique occupaient non seulement le devant de la scène, mais la scène tout entière. L'étrange phénomène lacanien, en vérité assez peu imaginable dans un pays anglo-saxon, a fini lui aussi par céder du terrain – un bout de ce divan témoin de tant d'impasses et de catastrophes, les jeux de mots, fussent-ils astucieux, n'ayant jamais guéri d'une dépression ou d'un deuil proche. On se souvient combien le terrorisme intellectuel qui sévissait naguère en sciences humaines engendra de vastes pépinières de clercs. Car les sciences aussi, on l'a vu, sécrètent leurs dogmes, leurs religions, leurs clercs intransigeants et sectaires : ce n'est pas un privilège réservé aux seules Églises ! En l'occurrence, l'impérialisme et le grégarisme dominants avaient singulièrement rapetissé le champ de ces sciences. Malheur au chercheur indépendant, non inféodé à une école, voire à une chapelle : le système ne laissait aucune place au marginal, car les clercs sont les serviteurs zélés du dogme ; ils ont l'intellect sec et le cœur dur. Le monopole de quelques-uns sur les sciences humaines avait pris de telles proportions que des chercheurs aussi éminents que Jacques Ellul, René Girard, Paul Ricœur, Michel Serres, tenus à l'écart en raison de leurs positions hétérodoxes, durent aller travailler aux États-Unis. Carl Jung lui-même, l'un des plus grands esprits de ce temps, fut soigneusement tenu en lisière.

Dieu merci, le climat est aujourd'hui plus ouvert, et cette fin de millénaire s'accompagne partout, dans toutes les sciences, de la chute des idoles et de l'effondrement du credo scientiste.

CHAPITRE VII

Le baromètre de la science et des croyances

Si l'on devait dresser un bilan de l'évolution scientifique au cours du XXe siècle, il faudrait insister à la fois sur l'incroyable bouleversement des théories et des concepts survenu depuis Einstein et sur les multiples impacts des retombées technologiques de la science, qui ont radicalement bouleversé les mœurs et modes de vie. Résumons brièvement ce qui a été développé plus haut.

La révolution des idées a commencé avec Einstein dont la théorie de la relativité générale a remis en cause les concepts mécaniques de l'espace et du temps, de la matière et de l'énergie. La physique quantique allait poursuivre dans cette voie en faisant de la matière un matériau proprement insaisissable dans sa réalité, aux propriétés liées de surcroît aux moyens mis en œuvre pour l'observer. L'astrophysique, en proposant le modèle d'un univers en expansion à partir d'un big bang primitif, nous a instruit du fait que le moment initial de la création de cet univers est inatteignable aux lois de la physique ; cet univers, par ailleurs, est le seul compatible avec la vie et l'émergence de l'homme conscient. La plus infime variation dans les paramètres physiques de départ, et d'autres univers auraient sans doute vu le jour, mais dont aucun n'aurait jamais engendré la vie ni l'homme. Les sciences biologiques, de leur côté, remettent en cause la logique simpliste du darwinisme et cherchent désormais d'autres explications que le seul processus de sélection naturelle à l'émergence des grandes lignées animales ou végétales. La neurobiologie, toujours foncièrement matérialiste, fait néanmoins entendre quelques points de vue discordants selon lesquels le cerveau ne sécréterait pas la pensée « comme le foie sécrète la bile » ; il y aurait, selon Eccles, deux niveaux de réalité : l'une neuronale, l'autre extérieure et indépendante, dont les interactions susciteraient l'émergence de la conscience. Enfin, les sciences humaines ont été amenées à relativiser l'impérialisme du freudisme, du structuralisme et du marxisme en s'ouvrant à d'autres courants de pensée ; l'astrologie elle-même frappe à leur porte...

Bref, par opposition au scientisme dominant de la fin du XIXe siècle, on voit aujourd'hui de nombreux scientifiques, fort de ces nouvelles hypothèses ou de ces nouvelles théories, jouer des coudes pour élargir la brèche ouverte dans le matérialisme ambiant et orienter la science vers un autre ordre de réalité, considéré désormais non plus comme concurrent, mais comme complémentaire de son domaine. S'introduit ainsi l'idée de transcendance, de réalité de l'être, pour reprendre une terminologie d'essence anglo-saxonne ; réalité essentielle, présente au-delà du champ de la science, mais aussi, paradoxalement, au plus intime des consciences. Bref, la raison laisse un espace ouvert à la foi.

Force est toutefois de constater que cette importante évolution de la pensée scientifique n'a encore que très imparfaitement atteint notre pays. Plus cartésienne, puisqu'elle est la patrie de Descartes, plus réductionniste, plus attachée à la pensée linéaire, la France semble prendre du retard dans ce mouvement général de la pensée, nettement plus affirmé dans les pays anglo-saxons. Curieusement, cette faille ouverte par l'évolution des concepts scientifiques ne fait encore l'objet d'aucune prise de conscience : il s'agit d'un phénomène radicalement « hors médias ». Cette béance aux frontières de la science[1], qui débouche tout naturellement sur l'autre voie de la connaissance, celle du cerveau droit, se trouve en revanche complètement occultée par le thème quotidiennement ressassé du progrès scientifique et technique. Parce qu'ils sont plus opératoires, plus concrets, on parle bien

1. Le Festival annuel « Sciences-Frontières », qui se tient chaque année à Cavaillon, se préoccupe néanmoins de ces problèmes.

davantage des ordinateurs et des biotechnologies que de la physique quantique ou de l'astrophysique. Ainsi sommes-nous frustrés des retombées philosophiques de l'évolution des sciences fondamentales, dont on ne retient que les retombées technologiques. Une fois encore, l'idéologie de progrès – ce fameux « progrès scientifique et technique » censé générer naturellement, et même quasi automatiquement, le « progrès économique et social » – vient faire écran entre la quête de sens, commune à tous les hommes, et les plus récentes formulations de concepts scientifiques qui ne rendent plus la science hermétique à toute transcendance. Une transcendance indispensable à l'élaboration d'une éthique et d'une morale valables pour le futur.

Mais, face à cette prodigieuse évolution de la science, qu'en est-il des Églises ?

Là encore, la montée des intégrismes – non pas seulement dans l'islam, mais aussi bien dans les mouvements fondamentalistes d'origine chrétienne, notamment aux États-Unis – occulte d'importantes évolutions. La plus fondamentale fut sans doute celle qui s'exprima à travers le concile Vatican II à un moment exceptionnel de l'Histoire, au début des années 60, quand le dégel des relations Est-Ouest et l'accession de très nombreuses nations à l'indépendance créaient un climat de convivialité planétaire inédit au cours de ce siècle et demeuré d'ailleurs sans lendemain depuis lors. Vatican II mit un terme à la guerre de position que l'Église menait contre la science depuis le chanoine Copernic en reconnaissant sa légitimité et son autonomie, son domaine spécifique ainsi que la liberté de la recherche. À l'instigation de ce pape exceptionnel que fut Jean XXIII, le concile affirma également le droit à la liberté religieuse, droit pour chaque conscience de s'exprimer selon sa propre foi, déjà proclamé depuis deux siècles par la Déclaration des Droits de l'homme. Le pluralisme des opinions, des opinions religieuses en particulier, étant désormais reconnu, les temps s'ouvraient au dialogue et à la communion. C'en était enfin fini du trop fameux : « Hors l'Église, point de salut ! »

L'Église reconnut aussi à la science le droit d'explorer, par ses méthodes, sa propre histoire et celle des Écritures. Exégètes et scientifiques avaient déjà, depuis la fondation de l'École biblique de Jérusalem à la fin du XIXe siècle, soumis l'Écriture sainte aux perspicaces investigations des historiens, des linguistes, des archéologues et autres spécialistes en sciences humaines et sociales. Loin de se cramponner à son trésor – en conservant le monopole absolu de son interprétation –, l'Église admet désormais la critique scientifique, ce qui remet en cause bien des interprétations et idées reçues, car les critiques historique et exégétique se révèlent souvent fort décapantes.

Science et Église respectent désormais leur territoire respectif ; le baromètre des croyances analysées sondage après sondage reflète périodiquement l'état de l'opinion en ce domaine[1]. On constate que la pratique religieuse est en baisse régulière depuis l'après-guerre, notamment parmi les jeunes. Si la croyance en Dieu dépasse dans tous les sondages 60 %, elle atteint à peine 50 % chez les 18-24 ans, très attirés en revanche par diverses croyances très éclectiques : au démon, à la réincarnation, à l'astrologie, à la transmission de pensée, aux envoûtements, aux extraterrestres et aux voyants. Dans cet étrange supermarché de la croyance, les jeunes cherchent et trouvent les ingrédients les plus divers dans la mesure où la foi et les traditions de leurs ancêtres ne leur sont plus transmises. On ne constate pas pour autant une foi quelconque en la science : une écrasante majorité de sondés considèrent que celle-ci ne peut pas tout expliquer (88 %). En revanche, ils sont aussi nombreux (84 %) à admettre que les progrès de la science ont amélioré le sort de l'humanité. Enfin, position tout à fait caractéristique de la modernité, 83 % des personnes interrogées déclarent tenir compte d'abord de leur conscience dans les grandes décisions de leur vie, et 1 % seulement d'abord des positions de leur Église. Chiffres surprenants, hautement significatifs de la perte d'influence des Églises sur la gestion directe des consciences[2].

1. « En quoi croire ? », *Ça m'intéresse*, juillet 1994. « Croyances floues », *Le Monde*, 12 mai 1994.
2. Ces chiffres sont sans doute liés pour une large part à la rigidité des positions du pape Jean-Paul II en matière de morale sexuelle.

En revanche, on note une fréquentation accrue des pèlerinages et sanctuaires[1]. Ce phénomène, qui accompagne la désaffection des paroisses, n'est-il qu'une manipulation de « tourisme spirituel » ou renoue-t-il avec les grandes traditions médiévales de Rocamadour, Saint-Jacques-de-Compostelle, Vézelay, ou, plus loin encore, avec les itinéraires conduisant aux tombeaux des martyrs ? L'avenir le dira. Dans le même ordre d'idées, on constate une nette remontée des fêtes populaires traditionnelles, fêtes paroissiales ou villageoises, qui s'inscrit sans doute dans la même ligne évolutive. Il en va encore de même de la réhabilitation du patrimoine monumental jusque dans les villages les plus reculés : l'église est désormais restaurée et illuminée... même si elle reste vide ! Lorsque les temps deviennent incertains, que l'évolution du progrès paraît insaisissable, chacun tente de se sécuriser en se réenracinant dans ce qui vient de plus loin. La tradition prend ici sa revanche sur le progrès – ou, pour reprendre notre métaphore, le cerveau droit sur le cerveau gauche. Lourdes[2], Fatima, La Mecque, Bénarès : autant de lieux sacrés dont la fréquentation n'a pas le moins du monde souffert du développement technologique, bien au contraire. Point d'exclusion compétitive entre la science et la foi religieuse, chacune campant désormais sur son propre terrain. Sur d'autres continents,

1. « Le renouveau des pèlerinages », *Le Figaro*, 16 août 1994.
2. Six millions de pèlerins continuent à déferler chaque année à Lourdes ; le chiffre est en augmentation constante.

l'Afrique par exemple, le sacré fait partie du quotidien ; l'extase ou la transe est l'expression la plus commune de la religiosité. Ainsi en va-t-il de la religion vaudoue en Afrique, aux Antilles, au Brésil. De leur côté, les Églises chrétiennes de toutes confessions réhabilitent les groupes charismatiques où s'expriment les dons les plus divers, à l'instar des célébrations liturgiques des premiers chrétiens. Belle revanche du « cerveau droit » sur les théologiens de ces dernières décennies qui ne voyaient plus dans l'Église que sa seule dimension sociale, restreignant le message évangélique à la seule parabole du Bon Samaritain, au point que la croix du Christ était en passe de se réduire à la Croix-Rouge !...

Cette fin de millénaire semble devoir marquer une sorte de rééquilibrage entre nos deux hémisphères cérébraux et les deux voies de la connaissance qui semblent leur correspondre. S'il est vrai que la mythologie du scientifique, du savant – du « chercheur », comme on dit aujourd'hui – reste puissante, notamment chez les jeunes, il n'en demeure pas moins que, comme ce fut le cas à toutes les époques, les saints suscitent une admiration unanime : ainsi a-t-on vu l'abbé Pierre détrôner, dans les sondages de popularité, toutes les vedettes de la politique et des médias, cependant que Mère Teresa et sœur Emmanuelle continuent à être révérées de tous.

Décidément, le temps n'est plus où l'on pouvait rêver au triomphe d'une austère religion de la science ; celle-ci compte encore moins d'adeptes que les religions traditionnelles, elles-mêmes en baisse de pratique. Le propre de notre époque est précisément de rendre désormais insoutenable l'idée même d'une telle religion. Ainsi que l'a montré l'évolution des grands concepts scientifiques, si la science tente d'expliquer les « comment », elle s'est en revanche retirée du champ des « pourquoi ». Ainsi recherche scientifique et conscience religieuse forment-elles deux domaines complémentaires, tout comme le sont nos deux hémisphères cérébraux, en étroite interaction et en profonde symbiose. Le terrain est enfin déblayé pour que puissent désormais s'élaborer une nouvelle éthique, indispensable à la survie de l'homme et de son environnement, une nouvelle compréhension du problème des origines et des fins ultimes, enfin une nouvelle approche de l'être intime de la conscience, cet être qui suinte de tant d'ouvrages scientifiques comme une interrogation mal assurée ou une vague nostalgie, voire comme l'explication possible et ponctuelle de telle ou telle question demeurée jusqu'alors non résolue. Rares sont les ouvrages sur l'évolution biologique, par exemple, qui, au détour d'un chapitre, ne consacrent pas une allusion à cette transcendance que la modernité a réduite à l'équivalent d'une perle mêlée au grain d'une poule qui ne sait trop qu'en faire ! Car la transcendance ne figure pas à notre menu médiatique quotidien. Pourtant, cette perle annonce le nécessaire et prochain réenchantement du monde...

CHAPITRE VIII

Les Droits de l'homme... et après

L'accélération du progrès scientifique et technique, notamment dans le domaine du nucléaire, des biotechnologies, de l'intelligence artificielle et des moyens modernes de communication, bouleverse les mœurs et les conditions de vie. Des réflexions et des actions novatrices s'imposent d'urgence, auxquelles les scientifiques sont désormais conviés à apporter leur concours, en vue de définir ce que pourraient être les fondements d'une éthique pour le troisième millénaire. Ceux-ci, en effet, ne sont pas étrangers au mouvement de la pensée scientifique qui laisse désormais ouverte la question de l'existence d'une réalité au-delà du réel immédiatement perceptible, bref, d'une référence extérieure à l'homme et à sa condition.

Qui se préoccupe, par exemple, de promouvoir une réelle éthique des médias dont l'omniprésence et l'omnipotence marquent si profondément l'évolution de la société ? Qui se préoccupe de la violence, de l'agressivité, voire de la débilité à la télévision, des exclus de l'antenne, du poids incroyable de l'argent, de la recherche du sensationnel à tout prix, de la capacité de jeter en un instant le discrédit sur une personne par une information prématurée, de la manipulation des images avec la montée en puissance des images virtuelles, de la présentation systématique de ce qui ne va pas au détriment de ce qui va bien, de la concentration des pouvoirs et des moyens au sein de trusts tout puissants à qui les satellites vont offrir une diffusion mondiale, du faible intérêt réservé au développement culturel et spirituel ? Autant de tares dont nos grands systèmes de communication sont affectés depuis des années sans que nul ne s'en inquiète vraiment. Or, la vision du monde qu'ils proposent à nos enfants, sous des apparences de modernité, est puissamment contre-éducative, et souvent, dans un milieu familial fragile, assurément destructrice.

Que dire de la prodigieuse expansion de l'audiovisuel, de la mode subite du multimédia, des futures autoroutes de la communication, de la prolifération des écrans et images en tout genre qui conduisent certains futurologues bien intentionnés à affirmer que l'écriture et la lecture sont d'ores et déjà obsolètes ? De fait, le livre recule face à l'inflation des images. Mais pas la moindre réflexion éthique à ce sujet ! La seule qu'on entende proférer ici ou là est le stupide : « On n'arrête pas le progrès... » Et s'il fallait justement l'arrêter un jour ? Ou du moins le réorienter ?

Dans le domaine de la biologie sont apparues en revanche les premières esquisses d'une bioéthique dès l'instant où se développaient les biotechnologies et leurs applications à la création d'espèces transgéniques ou au traitement de maladies génétiques. Mais l'on voit déjà aux États-Unis des gènes humains brevetés à des fins purement commerciales, comme une vulgaire invention technique. La nature « manipulée » devient appropriable, enjeu d'intérêts industriels colossaux. Même perplexité devant la procréation médicalement assistée, domaine pour lequel Jacques Testard et une vingtaine de ses collègues ont réclamé que « soient définis son territoire et ses modalités d'intervention afin de préserver des valeurs infiniment plus précieuses à l'humanité que la satisfaction d'intérêts ou de besoins particuliers[1] ».

Si l'on constate de toutes parts de multiples risques de dérive, il est fort peu d'arguments pour expliquer au nom de quelles valeurs il convient de les éviter. C'est là un des plus sérieux défis lancés à la modernité qui, en dehors de la défense des Droits de l'homme, est parfaitement muette sur les valeurs morales qui pourraient être communément admises par tous. Nombreux sont ceux qui pensent sans le dire – ou parfois en le disant, comme le sénateur Caillavet – qu'« on ne peut empêcher les savants d'effectuer toutes les expé-

1. Jacques Testard (collectif), *Le Magasin des enfants*, François Bourin, 1990.

riences, y compris celles qui semblent les plus aberrantes, voire les plus monstrueuses ». L'éthique et la morale découlaient jadis tout naturellement de la religion ; or, cette référence n'est plus de mise dans nos sociétés sécularisées. Du coup, la règle du « tout est possible, tout est permis », bref, l'absence de règle ne manque pas de rallier de nombreux adeptes.

L'Occident chrétien a vécu durant près de trois millénaires sous l'empire de la Loi de Moïse, relayée et complétée ensuite par les prescriptions évangéliques. Ce fameux Décalogue exprimait en dix points la nature des actes délictueux à proscrire, celle des actes bons à mettre en œuvre. La question se pose aujourd'hui crûment de savoir si l'on peut allégrement reléguer aux oubliettes de l'Histoire des « commandements » aussi importants que le fameux « Honore ton père et ta mère », qui ne figure pas dans la Déclaration universelle des Droits de l'homme. Or, l'une des caractéristiques essentielles de la modernité est l'inversion des rapports parents/enfants. S'il arrive à leur progéniture d'être « super-sympa » avec ses copains et copines, on ne peut pas dire que les parents en tirent de lourds dividendes matériels ou affectifs. Au contraire, on les voit prudents et craintifs à l'égard d'adolescents qui souvent leur échappent dans tous les sens du terme, et dont le premier souci n'est visiblement pas l'exécution pointilleuse du quatrième commandement. Les temps sont révolus où les anciens comptaient sur les plus jeunes pour assurer leur vieillesse. La société, en multipliant les équipements du troisième âge, a déchargé les enfants de leurs devoirs envers leurs parents, ce dont ils se portent fort bien. Les parents, à l'inverse, continuent, jusqu'à un âge de plus en plus tardif, à assurer « le nid » de leurs « petits » qui bénéficient ainsi de la sécurité du berceau familial sans toujours en payer le prix...

Oublié aussi, le dixième commandement où sont préservés du vol la femme du prochain, sa servante, son bœuf, son âne (on ajouterait aujourd'hui sa voiture...). Et, du coup, ce qu'on appelle pudiquement la « petite » délinquance de prendre des proportions inimaginables il y a encore quelques années. Sans parler de la corruption, qui connaît des sommets encore jamais atteints.

Malencontreusement, les Droits de l'homme – dont la mise en œuvre est, certes, impérativement nécessaire –, qui constituent l'éthique de la modernité, ignorent superbement l'indispensable réciprocité entre droits et devoirs : ces derniers y sont purement et simplement passés sous silence[1]. Marcel Conche note « qu'un consensus réel sur la morale existe, mais un consensus de surface ; de toute façon, la morale sera celle des Droits de l'homme ; ce que cela signifie précisément est laissé de côté[2] ». De fait, l'homme des Droits de l'homme n'a pas l'ombre d'un devoir vis-

1. « Les devoirs de l'homme : de la réciprocité dans les droits de l'homme », *Le Supplément,* 1989, n° 168.
2. Marcel Conche, *Le Figaro,* 30 septembre 1994.

à-vis de quiconque, ni vis-à-vis de la nature ! Il ignore son prochain. Certes, vivant en société, il est soumis à la loi qui fixe des limites à ne pas franchir à l'égard de l'autre. Mais, par rapport à celui-ci, des comportements seulement négatifs ne suffisent pas. La vie collective, pour réussir, exige aussi des comportements positifs et une stricte réciprocité des droits et des devoirs. Cette base éthique élémentaire existe, comme l'a bien montré l'écologiste René Dubos[1], dans les « sept plus grandes religions du monde », et pratiquement dans les mêmes termes. Ces textes brefs, mais fort suggestifs, méritent ici d'être rappelés :

« Ainsi, tout ce que vous désirez que les autres fassent pour vous, faites-le vous-mêmes pour eux : voilà la Loi et les Prophètes. » – Matthieu, VII, 12 *(christianisme).*

« Ce que tu tiens pour haïssable, ne le fais pas à ton prochain. C'est là toute la Loi : le reste n'est que commentaire. » – Talmud, Sabbat, 31-a *(judaïsme).*

« Telle est la somme du devoir : ne fais pas aux autres ce qui, à toi, te ferait du mal. » –Mahābhārata, 5, 1517 *(brahmanisme).*

« Voici certainement la maxime d'amour : ne pas faire aux autres ce que l'on ne veut pas qu'ils nous fassent. » – Analectes, 15, 23 *(confucianisme).*

« Nul de vous n'est un croyant s'il ne désire pour son frère ce qu'il désire pour lui-même. » – Sunnah *(islam).*

1. René Dubos, *Choisir d'être humain,* Denoël, 1974.

« Considère que ton voisin gagne ton pain, et que ton voisin perd ce que tu perds. » T'ai Shang Kan Ying Pien *(taoïsme)*.

« La nature seule est bonne qui se réprime pour ne point faire à autrui ce qui ne serait pas bon pour elle. » – Dadistan-i-dinik, 94, 5 *(zoroastrime)*.

Dans toutes les cultures religieuses s'exprime ainsi, en termes lapidaires et similaires, ce qui pourrait être défini comme la plus simple et la plus universelle des lois de la vie en société ; introduisant la notion de réciprocité, la présence de l'autre, du « prochain », cette maxime, véritable code éthique de l'humanité, pourrait et devrait constituer un heureux complément aux Droits de l'homme.

Mais voici que la mort des dieux suscite de nouvelles tentatives pour définir une éthique hors de toute croyance, de toute référence à la transcendance. L'homme est alors face à lui-même et à lui seul, et la question du bien et du mal se pose à lui indépendamment de toute tradition religieuse. Comment, dès lors, établir la frontière, si tant est que bien et mal il y a encore ?

Or, la science reste fort discrète à ce sujet. On cite souvent le cas de Phynéas Gage, un contremaître de vingt-cinq ans de Nouvelle-Angleterre, victime le 13 septembre 1848 d'un accident spectaculaire : à la suite d'une explosion de dynamite, il reçut en plein visage une tige de fer qui lui traversa le cerveau avant de retomber quelques mètres plus loin. Par chance, Gage ne fut pas tué sur le coup ; il ne perdit même pas l'usage de ses membres, non plus que celui de la parole. Mais, après l'accident, dont il guérit, on s'aperçut qu'il avait changé : il était devenu irresponsable, capricieux, grossier, et semblait avoir perdu tout sens moral, tout sens social. Une équipe de neuro-anatomistes américains, reprenant l'examen du crâne conservé de Gage, a estimé que les régions frontales atteintes auraient été celles où s'élaborent les comportements personnels et sociaux, ainsi que le raisonnement. Ils sont même allés jusqu'à évoquer l'existence d'un « centre moral ». Mais, après avoir examiné douze cas semblables, le docteur Damasio ajoute aussitôt : « Il n'y a pas une région isolée du cerveau qui serait le siège de la morale. Il existe plutôt des systèmes qui engendrent certains types de comportements liés à l'environnement social et culturel. Quand il y a dommage dans le lobe frontal, ces systèmes ne fonctionnent plus. »

Les types de comportement dépendent donc – mais on le savait déjà ! – de l'environnement socioculturel acquis dès la petite enfance. Mais, dès lors que toute référence à la transcendance est éliminée, quel type d'éducation promouvoir et sur quelles valeurs la fonder ?

Si l'homme, conformément à la vision strictement matérialiste, n'est qu'un agrégat de molécules perdu dans un univers dépourvu de toute signification, alors, comme le dit R. de Gopegui, « on n'est plus bon ou méchant, intelligent ou sot, on est plus ou moins bien ou mal programmé », et il s'ensuit que nous n'avons plus aucune responsabilité vis-à-vis de nous-mêmes ni d'autrui. Toute éthique est dès lors inutile. Le sociobiologiste E.O. Wilson, dont on sait que, cédant sans doute à une maladie infantile de la génétique, il impute aux gènes la totalité des comportements humains, voit tout naturellement dans l'homme un ensemble de gènes sélectionnés dans la mesure où ils favorisent la survie de l'organisme. Comme le note à ce propos Jean Staune[1], l'amour maternel, ou le sacrifice de la mère pour ses enfants, est un comportement favorisant la survie des gènes qui le provoquent : il a donc pu être sélectionné au cours de l'évolution ; à l'inverse, l'amour de la justice peut apparaître comme un sérieux handicap pour ceux qui l'éprouvent, et davantage encore l'esprit de sacrifice pour le prochain. Il n'y a donc « aucun fondement logique pour un tel amour dans la nature. Le lion qui tue l'antilope, comme l'homme qui dévalise une banque, obéissent au même besoin vital : survivre. » Dès lors, où est le mal ?

Pour répondre à cette objection, André Grjebine propose d'élaborer une « éthique sans les dieux[2] ». Il prend acte du recul du sentiment religieux et de l'éthique qui en découlait, tout comme d'ailleurs du recul de l'esprit laïc, cette morale rigoriste qui connut son apogée sous la IIIe République ; il préconise de retrouver un

1. *Op. cit.*
2. André Grjebine, « L'Éthique sans les dieux », *Pour la Science*, août 1994.

« sentiment de solidarité » avec sa propre évolution et avec ses semblables. « Fort de cette nouvelle raison de vivre que les dieux ne lui offrent pas, l'homme se donnera ainsi les moyens de poursuivre son aventure... Parvenu au summum de l'individualisme, l'homme ne peut surmonter son désespoir individuel qu'en rencontrant une double solidarité : dans le présent avec ses semblables, dans le temps avec son espèce à ses différents stades d'évolution et, par-delà celle-ci, avec le vivant... » Et de conclure : « Contrairement à ce que voudrait laisser croire une vue quelque peu rousseauiste des choses, ce projet ne s'oppose pas à une société plus solidaire, mais apparaît au contraire comme l'instrument actif de celle-ci. Quelle meilleure preuve de solidarité que de travailler à renforcer les chances de survie de l'humanité ? »

Cette profession de foi, dans une sorte d'altruisme au niveau de l'espèce et du vivant tout entier, est certes éminemment respectable. Elle appelle intérêt et sympathie. Mais est-elle vraiment opératoire ? Grjebine ne fait-il pas lui-même allusion au « désespoir individuel » ? L'homme peut-il se passer de cet autre plan de la réalité auquel le hissaient jadis les religions et croyances de toutes les cultures et de tous les temps ?

La nouvelle science, dont nous avons longuement suivi les linéaments, de la physique quantique à l'astrophysique et de la biologie moléculaire à la neurobiologie, ouvre désormais un espace sur l'au-delà d'elle-même ; elle ménage une aire et une ère de liberté où la transcendance peut se manifester à sa juste place sans paraître contredire les données scientifiques traditionnelles. Laissons à Jean Staune le soin de conclure ces réflexions sur l'éthique en des termes particulièrement pertinents :

« Si notre civilisation a pu progresser, malgré toutes les horreurs de ce siècle, vers plus de liberté et vers plus de respect des Droits de l'homme, c'est parce que la civilisation véritable prolongeait encore sur nous son rayonnement condamné et nous sauvait malgré nous-mêmes (Saint-Exupéry). Telle une étoile qui a déjà explosé, mais dont le rayonnement nous parvient encore pendant quelques années, les fondements de la vision pré-scientifique du monde inspiraient encore notre humanisme..., sans qu'il s'en aperçoive, et l'aidaient à stabiliser son éthique bancale[1]. »

C'est bien ce que l'on constate, par exemple, dans l'effort visant à élaborer une « éthique sans les dieux », qui aboutit à un altruisme et à une solidarité entre tous les individus de l'espèce qui convergent avec l'enseignement traditionnel du judéo-christianisme, même si le promoteur de cette éthique n'en est pas conscient ou ne le reconnaît pas volontiers.

Jean Staune poursuit : « Mais les fondements disparus (de l'éthique), le rayonnement (de

1. *Op. cit.*

l'étoile), ne peuvent manquer de s'éteindre inexorablement, nous laissant dans le noir face à nous-mêmes... Or, voici qu'existe désormais une nouvelle étoile dont la lumière n'est pas encore parvenue jusqu'à nous. Nous participons à une course dont l'enjeu est énorme : la diffusion de ces nouveaux concepts à travers la société doit être plus rapide que le rythme auquel nous détruisons notre environnement, notre tissu social et les barrières éthiques nous séparent du “meilleur des mondes”. Il est urgent que le rayonnement d'une nouvelle éthique, solidement fondée, puisse nous éclairer tous, et nous éloigner de la voie de l'autodestruction. On ne peut voir une nouvelle étoile avant que les lois de la nature ne nous y autorisent, car on n'accélère pas la vitesse de la lumière. Toutefois, la vitesse de circulation des idées, elle, ne dépend que de nos efforts... »

Les connaissances récentes que nous avons réunies sur notre cerveau, sur les potentialités différentes mais synergétiques de ses deux hémisphères, sur l'aptitude du lobe frontal à être programmé dès l'origine de l'individu, nous font découvrir qu'il est programmable et par les gènes et par notre environnement familial et socioculturel. La vraie question est donc celle du programme et du programmateur. Or, notre société n'a plus de modèle humain universel. « Peu d'époques ont eu, autant que le Moyen Âge chrétien occidental des XIe-XVe siècles, la conviction de l'existence universelle et éternelle d'un modèle humain[1] », écrit non sans nostalgie Jacques Le Goff. Et Marcel Conche de répondre comme en écho : « Que signifie une crise de la morale, sinon une crise de l'entente que l'homme a de lui-même, l'incertitude[2] ? »

Face à cette incertitude, nous choisirons délibérément des références claires puisées aux sources des valeurs chrétiennes. Aux sources, c'est-à-dire en deçà des lourdes superstructures que les siècles ont déposées sur le socle originel, resté heureusement aisément accessible grâce à la qualité de la transmission des textes des deux Testaments jusqu'à nos jours.

1. Jacques Le Goff (collectif), *L'Homme médiéval*, Seuil, 1989.
2. Marcel Conche, *Le Figaro*, 30 septembre 1994.

CHAPITRE IX

Les origines... et avant ?

Sur le problème des origines, la science moderne est confrontée à de multiples défis. Au tout début de l'Univers, le premier état compréhensible du monde est le vide. Pour la physique quantique, ce vide n'est ni un espace ni le néant, car il contient des particules virtuelles si éphémères qu'on ne peut les discerner. Ce vide s'est d'abord transformé en lumière sous l'effet du fameux big bang, correspondant à un changement d'état : c'est le *Fiat lux* qui a donné à son tour naissance à la matière et à son double antagoniste et annihilateur, l'antimatière. Selon Michel Cassé, « ces concepts sont extraordinairement troublants, car ils sont susceptibles de faire renaître des mythes originels plus profonds et plus puissants que les concepts scientifiques[1] » ; pour cet auteur, « la quête de la science est imprégnée de religiosité », de sorte que « la

1. Michel Cassé, « De l'impossible accès à la création du monde », *Pour la Science*, septembre 1994.

genèse imaginée par le physicien, son souci de chercher une expression unique des lois qui régissent le monde, est influencée par cette volonté unitaire (en relation avec le dieu unique) ». On retrouve ici l'esprit d'ouverture des astrophysiciens qui ont fait puissamment avancer la question des origines sans y voir une contradiction formelle avec la Genèse. Or, souligne Cassé, il est impossible « de voir le début de l'univers » et « impossible de le penser ». Car l'univers, à son début, est opaque à sa propre lumière. On ne pourra jamais voir le big bang au télescope ; quant à s'approcher du temps zéro, il n'en est pas question non plus, car « proches du temps zéro, les grandes caravelles déterministes de la cosmologie, c'est-à-dire la pensée classique, sont entraînées dans un brouillard quantique tel que ce temps zéro devient inaccessible ». À l'origine, l'univers, à très haute température, est comme une boule de feu : d'où son absence de transparence ; personne n'a jamais vu l'intérieur du Soleil. De même, jamais on ne pourra remonter à l'origine de l'univers, quelle que soit la puissance des télescopes utilisés, dans la mesure où la lumière ne se dissociait pas alors de la matière. Ce n'est qu'après un million d'années que l'univers est devenu transparent, donc observable ; ce qui est déjà très tard, et d'autant plus regrettable que les transformations advenues dans le milliardième de seconde après le temps originel ont été plus intenses que toutes les transformations subies durant les quinze milliards d'années qui suivirent. Telle est du moins l'hypothèse du big bang telle que se la représentent la majorité des astrophysiciens, mais qui ne fait pas encore l'unanimité du monde scientifique.

Le système solaire, lui, s'est constitué voici 4,6 milliards d'années. La Terre s'est alors formée par rassemblement de blocs de matière rocheuse, les « planétésimaux », de taille variable, composés de gaz et de poussières. Ce mécanisme d'accrétion échauffa la matière, entraînant sa fusion et une relative homogénéisation. Les minéraux se sont regroupés par gravité pour former le noyau, le manteau et l'écorce terrestre. À partir de 4,4 milliards d'années, la température se serait abaissée au-dessous de 100 °C, permettant la formation des océans par condensation de la vapeur d'eau. Un volcanisme intense permit le dégazage progressif du manteau de la Terre, contribuant à la formation d'une atmosphère composée de méthane, d'hydrogène, d'ammoniac et de vapeur d'eau, mais non d'oxygène.

En ces temps reculés, le Soleil était moins brillant qu'aujourd'hui et devait dégager environ un tiers d'énergie en moins, de sorte que les océans primitifs furent pris par les glaces. La planète nouvellement née fut assaillie d'autre part par un intense bombardement de météorites, certains de très grosse taille, provoquant de profonds cratères que l'érosion a depuis fait disparaître. Puis, vers - 3,8 milliards d'années, ce bombardement a perdu de son intensité par manque de « munitions célestes ». Les chocs les plus brutaux se seraient produits à des intervalles variant de quelques dizaines à quelques centaines de milliers d'années. Chaque choc projetait dans l'espace un jet de vapeur d'eau et de roches vaporisées, enveloppant la Terre entière d'une couverture incandescente. Si les poussières retombaient au bout de quelques mois, il n'en subsistait pas moins un épais manteau de vapeur ; celui-ci produisait un puissant « effet de serre » qui maintenait pendant des centaines d'années une température dépassant 1 000 °C – de quoi stériliser toute trace de vie à lasurface du globe, pour peu qu'elle se fût déjà enclenchée. D'où l'hypothèse que si la vie était apparue au cours de ces quelques centaines de millions d'années, elle eût été aussitôt éradiquée par stérilisation météorique. C'est pourquoi, selon David Stevenson, du California Institute of Technology, « il vaudrait mieux se demander quand la vie a pu se maintenir, plutôt que quand elle est apparue... ».

Les premières roches contenant des fossiles de micro-organismes remontent à 3,5 milliards d'années. Mais quand la vie est-elle vraiment apparue ? À ce moment-là ou bien avant ?

L'hypothèse la plus souvent avancée est celle que proposa le biologiste russe Oparine au début de ce siècle. Selon lui, les éclairs, la chaleur des volcans, les intenses rayonnements radioactifs de la Terre juvénile ont engendré des réactions chimiques dans son atmosphère primitive. Des molécules prébiotiques se formèrent, puis auraient été entraînées par la pluie dans l'océan, formant, pour le biologiste anglais Haldane, « une soupe chaude[1] » primitive au sein de laquelle se seraient élaborés, par réactions chimiques de plus en plus complexes, les composants essentiels de la vie. Puis, à partir de là, s'élaborèrent les premiers ADN et ARN capables de réplication, ancêtres des virus, d'où l'on aboutit par complexification croissante – mais sans que l'on sache encore très bien comment les choses se passèrent[2] – aux germes bactériens, aux êtres monocellulaires, puis pluricellulaires.

La première étape du processus trouva un début de confirmation dans la célèbre expérience de Stanley Miller, de l'Université de Chicago, en 1954 : un mélange gazeux de méthane, d'ammoniac, d'hydrogène et de vapeur d'eau, mimant l'atmosphère primitive, est soumis à des décharges électriques ; on obtient dans le ballon d'expérience des acides aminés, constituants essentiels des protéines. D'autres réactions similaires corroborèrent cette première hypothèse sur les origines de la vie. La vie se serait donc amorcée dans l'atmosphère primitive de la Terre, puis se serait développée dans les océans avant de gagner beaucoup plus tard (il y a 400 millions d'années) les continents, après qu'eurent été suc-

1. Le biologiste anglais Haldane a décrit, dans les toutes premières étapes d'élaboration de la matière vivante, la chute des molécules ainsi élaborées dans la mer encore chaude des origines.

2. On trouvera dans *La Création de la vie* de Michel Bounias (Éd. du Rocher, 1990) la reconstitution d'une suite de séquences qui recrée, dans une synthèse logique, toutes les étapes franchies de la matière à l'esprit. Travail considérable et original.

cessivement « inventés » dans la mer la fermentation, la synthèse chlorophyllienne, la respiration, la cellule animale et végétale, la sexualité et le passage au pluricellulaire. Cette hypothèse est aujourd'hui la plus communément admise, mais il en est d'autres qui ont pris du poids au cours de ces dernières années[1].

La première voudrait que la vie – au moins les molécules prébiotiques – soit venue de l'espace. Pour l'Américain Carl Sagan, défenseur de cette hypothèse, les météorites ou comètes tombant sur la Terre y auraient déposé des molécules organiques, en quelque sorte prêtes à l'emploi. Telle avait été déjà l'hypothèse formulée en 1990 par le chimiste suédois Arrhenius sous le nom de « panspermie ». Le regain d'intérêt pour cette hypothèse vient dufait que l'on a pu identifier dans l'espace une multitude de molécules organiques : on a par exemple trouvé plus de quatre cents composés organiques, notamment des molécules fondamentales de la vie, telles que des acides aminés et des acides gras complexes, dans la météorite tombée à Murchison, en Australie, en 1969. À noter que l'hypothèse d'un ensemencement moléculaire n'est pas contradictoire avec celle d'Oparine, les molécules prébiotiques pouvant venir pour une part de l'atmosphère primitive de la Terre, et, pour une autre part, de l'espace (encore que cette dernière hypothèse, celle de l'exobiologie, ait été partiellement contredite

1. « Comment la vie est apparue sur terre », *Science et Vie*, 1994, n° 923.

par les recherches de Bada qui, analysant une carotte glaciaire de 3 km extraite au Groenland, n'y a trouvé qu'une seule trace de substance organique d'origine extraterrestre).

La troisième hypothèse est née en 1976 de la découverte de formes de vie jusqu'alors inconnues dans les profondeurs des océans. De l'eau de mer, infiltrée entre deux plaques tectoniques, arrive au contact du basalte brûlant de la croûte terrestre, se charge de matières minérales et jaillit de nouveau au fond de la mer, formant des « fumées noires ». Au sein de ces eaux jaillissantes et très chaudes sont rassemblées les conditions nécessaires à la chimie prébiotique (azote, carbone et différents solides en solution). Or, on a découvert autour de ces sources hydrothermales sous-marines des colonies d'êtres vivants très originaux : coquillages, vers et crabes, tous vivant indépendamment de l'énergie solaire et de la photosynthèse dès lors qu'ils sont alimentés en énergie par chimiosynthèse grâce à des bactéries sulfureuses utilisant l'hydrogène et divers composés minéraux du soufre : une vie qui s'est par conséquent développée en l'absence d'oxygène et liée au métabolisme du soufre. Une *autre* vie, en quelque sorte, et qui demeure encore fort mystérieuse. À de telles profondeurs, ces communautés vivantes auraient été à l'abri du bombardement des météorites et des variations de température en surface. On peut donc imaginer que les premières formes de vie se seraient formées ainsi dès le premier milliard d'années de l'âge de la Terre, alors que la surface des océans était couverte de glace. Un argument plaide en faveur de cette hypothèse : les plus anciens des organismes vivants dont on ait trouvé des fossiles étaient pour la plupart des organismes marins. Les plus vieux fossiles datent de 3,5 milliards d'années et ressemblent beaucoup aux micro-organismes des sources thermales d'aujourd'hui, qui peuvent supporter des températures de 100 °C. Jusqu'ici, aucune expérience de simulation comparable à celles qui ont été faites dans les atmosphères primitives reconstituées n'a été tentée dans les conditions de ce thermalisme sous-marin. La question reste donc ouverte.

Vient enfin une quatrième hypothèse, selon laquelle l'origine de la vie serait à rechercher dans les profondeurs du globe. En 1950, l'Anglais Desmond Bernal a démontré que les argiles, très répandues sur terre, pourraient favoriser la polymérisation de molécules prébiotiques. Ces argiles jouent en effet un rôle catalytique, leurs cristaux servant en quelque sorte de moules dans la constitution de grandes molécules organiques et peut-être aussi dans leur réplication.

Parmi ces quatre hypothèses, aucune, jusqu'à présent, ne s'est imposée à l'évidence, mais on sait en revanche que les micro-organismes primitifs, tout en se diversifiant, sont restés pratiquement identiques à eux-mêmes pendant deux milliards d'années ; ils tiraient alors leur énergiede la fermentation. Puis certains d'entre eux ont commencé à utiliser l'énergie solaire : c'est l'enclenchement de la photosynthèse, qui dégage de l'oxygène et qui est le propre des plantes vertes (ici les algues). En se dégageant dans l'atmosphère et en s'y accumulant, l'oxygène est à l'origine de la formation de la couche d'ozone, laquelle engendre à son tour la couleur bleue de l'azur céleste, tant il est vrai que c'est le monde vers – celui des plantes – qui a fait le ciel bleu. Puis, il y a 1,5 milliard d'années, les premières cellules eucaryotes, pourvues d'un véritable noyau, sont apparues, vraisemblablement par symbiose de plusieurs micro-organismes donnant l'un la mitochondrie, le centre énergétique de la cellule, l'autre le chloroplaste, l'atelier de synthèse des sucres grâce à l'énergie solaire captée par la chlorophylle. Puis, il y a un milliard d'années, apparurent les êtres pluricellulaires. La vie conquit ensuite les continents, il y a 400 millions d'années.

Si l'on peut risquer ainsi plusieurs hypothèses et établir les grandes lignes d'une chronologie, les origines, pour paraphraser une formule de « Heidegger », « se cachent sous les commencements » au point qu'il est – et sera sans doute toujours – quasi impossible de préciser où, comment et quand la vie a réellement commencé. Car trouverait-on des fossiles assez probants et éloquents, on ne serait jamais certain que d'autres êtres plus précoces n'auraient point vu le jour avant eux, ni que d'autres fossiles plus anciens ne puissent un jour être découverts ailleurs... Tel est l'éternel problème des commencements, et il en va ici de la vie comme de l'Univers dont les débuts se perdent dans le flou quantique.

Quant aux origines de l'homme, elles sont tout aussi obscures que celles de la vie. Peut-être faut-il y voir aussi une conséquence de la diversité des disciplines qui s'attachent à élucider le problème : archéologie, génétique, anthropologie, biologie moléculaire, etc., chacune dotée de sa propre méthodologie et de sa propre épistémologie. Tout au plus peut-on affirmer que l'*Homo sapiens sapiens* – l'homme contemporain – s'est détaché d'un phylum appartenant à l'ordre des primates et à la famille des hominidés, il n'y a guère plus de 30 000 ou 50 000 ans. Cet homme a éliminé ses prédécesseurs, les néanderthaliens et les *Homo erectus*, qui ne subsistent plus les uns et les autres qu'à l'état de fossiles. Mais la paléontologie et l'anthropologie restent muettes sur les conditions dans lesquelles ce remplacement s'est produit. Trouverait-on de surcroît un fossile plus ancien d'*Homo sapiens sapiens* qu'il serait impossible d'affirmer qu'un fossile encore plus âgé ne pourrait être découvert ailleurs... L'origine précise risque de nous échapper à jamais !

En résumé, pour ce qui concerne l'origine de l'univers, l'origine de la vie et l'origine de l'homme, nous nous heurtons aux mêmes difficultés. La science contemporaine peut tout au plus établir une chronologie en fixant à - 15 milliards d'années l'origine de l'Univers, à - 3,5 milliards d'années l'origine de la vie sur la Terre, et à - 50 000 ans l'origine de l'homme actuel. Ces trois valeurs représentent les points de repère majeurs entre lesquels il est possible d'introduire une série de datations correspondant aux événements les plus importants survenus au cours de la longue histoire qui mène du big bang à l'homme.

La science, on le voit, répond au « quand ? », sans toutefois pouvoir apporter des précisions sur le moment et les circonstances exactes où se sont déroulés les actes fondateurs. Les fossiles, dans le domaine du vivant, ne permettent jamais d'énoncer une certitude, car, nous l'avons vu, on peut toujours imaginer des fossiles plus anciens encore inconnus. Pour ce qui est de l'âge de l'Univers, nous avons vu les difficultés théoriques que pose la datation précise du big bang.

La science répond également à la question du « comment ? » par l'examen comparatif des fossiles et de leur apparition chronologique, qui correspond à un phénomène de complexité croissante : elle nous relate le fait évolutif comme étant la loi fondamentale du vivant. Mais, dans le même registre du « comment ? », elle reste muette, pour l'instant, sur la manière dont sont apparues les grandes nouveautés zoologiques et botaniques, pratiquement toutes en même temps, sous la forme d'une véritable explosion d'embranchements, durant les 60 millions d'années qu'a duré le cambrien, il y a environ 500 millions d'années. L'examen et la datation des fossiles par rapport aux strates géologiques dans lesquellesils ont été mis au jour montre que si tous les êtres vivants ne sont certes pas apparus simultanément, c'est au cours de cette période très fertile du cambrien que se sont élaborés les principaux types correspondant aux grands embranchements, lesquels n'ont fait ensuite que déployer, au long des temps géologiques ultérieurs, les potentialités comprises dans ces types.

Les hypothèses relatives aux origines de la vie sont trop nombreuses pour qu'il soit possible d'en localiser l'origine où que ce soit sur le globe. Pour l'homme, tous les spécialistes s'accordent aujourd'hui à situer son émergence en Afrique orientale. Quant à la naissance de l'univers, la question du « où ? » est dénuée de sens, puisque c'est l'explosion du big bang qui est créatrice d'espace et qu'avant lui, la notion d'espace ne se pose pas dans les termes ordinaires qu'appréhendent notre raison.

Une dernière question se pose enfin : « pourquoi ? » C'est la question du sens, sur laquelle les scientifiques sont aujourd'hui nombreux à refuser de se prononcer, considérant qu'elle ne fait pas partie du champ de l'expérimentation, donc ne relève pas de leur domaine. Ici, la science s'efface devant le monde de la (ou des) croyance(s) qui, depuis la nuit des temps, au gré des cultures, a (ont) tenté d'esquisser des réflexions sur le sens de la vie, sur celui de la présence de l'homme sur Terre et sur sa destinée. Pour ce qui nous concerne, nous nous reporterons à l'ouvrage qui, depuis plus de trois millénaires, a nourri et fondé la tradition occidentale, la Bible qui, dans son premier volume, la Genèse, répond par deux récits connus de tous à cette fameuse question.

Jusqu'à la fin du XIXe siècle, le premier chapitre du livre de la Genèse, dans son fameux « récit de la Création », faisait autorité en la matière. Ce récit datant du VIe siècle avant notre ère se présente sous forme d'épopée. Il commence ainsi : « Au commencement, Dieu créa le Ciel et la Terre ; or la Terre était vide et vague, les ténèbres recouvraient l'abîme, un vent de Dieu tournoyait sur les eaux[1]... » C'est sur ce chaos que s'exerce la parole créatrice. Dix fois revient l'expression « Dieu dit ». Le Créateur engendre ainsi par sa parole la lumière le premier jour, le firmament appelé ciel le deuxième jour, la terre et la mer, puis la végétation le troisième jour, les deux luminaires, le Soleil et la Lune, le quatrième jour, les oiseaux, les poissons et tous les animaux marins le cinquième jour, enfin les animaux et l'homme le sixième jour. De l'homme il est dit, et par deux fois, qu'« il fut créé à l'image de Dieu ». Puis vint le premier des commandements : « Soyez féconds, multipliez, remplissez la terre et soumettez-la, dominez sur les poissons de la mer, les oiseaux du ciel et tous les animaux qui rampent sur la terre[2] ! » Puis vient enfin la fondation de l'ordre écologique : « À toutes les bêtes sauvages, à tous les oiseaux du ciel, à tout ce qui rampe sur la terre, et qui est animé de vie, je donne pour nourriture toute la verdure des plantes... » Le septième jour, Dieu chôma « après tout l'ouvrage

1. Gen. I, 1-2.
2. Gen. I, 28.

qu'il avait fait, il bénit ce septième jour et le sanctifia[1] ».

Ce récit ne contredit pas les idées d'Aristote, autre pilier de la tradition occidentale et éminent représentant de la science grecque, pour qui toute création résultait de la rencontre d'un principe actif et d'un principe passif. Au départ, un chaos informe et vide : c'est le principe passif. Puis Dieu crée tout : c'est le principe actif. Mais Dieu est source des deux principes, puisque le chaos ne lui est pas antérieur et que son esprit le couvre.

Le principe actif qui insuffle la vie, c'est la parole. Chaque fois que « Dieu dit », cette parole est un acte créateur. Or, « Dieu dit » dix fois. La Création annonce déjà le Décalogue, ces fameux « dix commandements » qui seront confiés plus tard à Moïse. Ce verbe créateur, on le retrouve aussi dans le prologue de l'Évangile de Jean : « Au commencement était le verbe... »

Le souffle, qui plane sur les eaux, anime et fait croître : c'est le principe féminin (le cerveau droit). Le verbe qui crée et donne forme, c'est le principe masculin (le cerveau gauche). Quant au Père, il reste le centre, la racine, le fondement, le cœur de toutes choses. On reconnaît déjà, dès l'origine, le modèle trinitaire.

Mais Dieu ne crée pas tout d'un coup : il y a des étapes, une progression, comme une poussée évolutive ; de sorte que d'étranges convergences existent entre les théories scientifiques modernes

1. Gen. I, 30.

sur les origines de la vie et le récit biblique. Sans vouloir le moins du monde établir une concordance, tentons de les mettre en évidence. La création de la lumière, le *Fiat lux* du premier jour, évoque l'explosion de la boule d'énergie primitive, le fameux big bang. La séparation du ciel et de la terre, correspondant à la formation de la planète au sein du système solaire, intervient le deuxième jour. L'émergence des continents hors des océans est postérieure à la création des océans ; elle survient le troisième jour, et leur verdissement par les plantes nous rappelle que celles-ci ont conquis la terre avant les animaux, lesquels les suivirent, ne sortant des océans qu'avec quelques millions d'années de retard. En revanche, la création des luminaires – Soleil et Lune – au quatrième jour semble curieusement anachronique dans cette chronologie évolutive. Pourquoi diable apparaissent-ils si tard ? Pourquoi cet étrange décalage qui rompt avec une succession d'événements présentés par ailleurs de façon à peu près concordante avec les données de la science contemporaine ?

Le cours normal des choses se rétablit à partir du cinquième jour : la mer se peuple de poissons, de monstres marins, tandis que les oiseaux envahissent le ciel. En fait, ici, les poissons viennent un peu tard, car ils préexistaient à la conquête des continents par les algues marines, ancêtres des premières plantes. Mais l'apparition des oiseaux et de la gent ailée ne contredit pas la chronologie : on sait que les oiseaux, descendants des reptiles, sont antérieurs aux mammifères. Enfin, bestiaux et bestioles apparaissent le sixième jour, et Dieu, si l'on peut dire, crée l'homme dans la foulée. L'ascendance animale de l'homme est sinon suggérée, du moins chronologiquement concevable. Il faudra attendre Darwin et le XIXe siècle pour qu'elle soit clairement affirmée.

Puis vient le week-end divin ! Il nous vaut toujours un jour de repos tous les sept jours. Sept comme les sept planètes et luminaires connus de l'Antiquité : le Soleil, la Lune, Mercure, Vénus, Mars, Jupiter et Saturne. On redoute *a posteriori* l'idée d'un Dieu qui eût mis un mois à créer l'Univers : nous serions alors soumis à la rude ascèse d'un « *month-end* » tous les trente jours ! Les sociétés qui contestent les sources bibliques, donc la semaine de sept jours qui en découle, ont d'ailleurs une fâcheuse tendance à la prolonger, comme le fit le calendrier révolutionnaire en la portant à dix jours !

Si la longueur de nos semaines reste déterminée par le calendrier biblique de la Création, ce récit est riche de nombreux autres enseignements pour qui sait en décrypter le sens caché et les symboles. Car ce texte parle à notre cerveau droit : il a la force des grands mythes fondateurs ! S'il ne semble pas radicalement contredire une vision évolutionniste et dynamique de la Création, à quelques erreurs près que nous avons signalées, on y a cependant relevé une grossière « erreur » : la fameuse rétrogradation des luminaires au quatrième jour. Or, à l'époque où ce texte fut écrit, le VIe siècle avant Jésus-Christ, les Juifs vivaient dans l'environnement culturel des peuples de Mésopotamie où ils se trouvaient en exil. Les Babyloniens, comme les Égyptiens chez qui ils avaient vécu quelques siècles auparavant, adoraient le Soleil qu'ils avaient déifié. Non sans raison, d'ailleurs, quand on sait que la photosynthèse est probablement à l'origine de la vie. À l'évidence, l'auteur du texte sacré a voulu casser cette primauté du Soleil et laisser entendre qu'il n'était qu'une créature comme les autres : d'où sa dégringolade au quatrième jour après la création des plantes, qui pourtant ne peuvent vivre que par lui. Rétrogradation manifestement volontaire, puisqu'il est dit que les luminaires servent « à séparer la lumière des ténèbres », ce qui postule explicitement qu'ils auraient dû être créés le premier jour, au moment où, justement, dans le texte, Dieu les sépare.

De surcroît, les peuples de Babylone vivaient sous l'empire des astres. L'astrologie n'avait-elle pas été fondée en Chaldée quelques millénaires auparavant ? Ils croyaient que le destin des hommes était gouverné par les astres. Heureux ceux qui avaient la chance de naître « sous une bonne étoile », et malheur aux autres ! Or, l'auteur sacré entend briser cette fatalité et libérer le destin de l'homme : d'où cette sous-estimation du poids des astres dans la chronologie de la Création ; d'où aussi la prophétie du Christ sur la fin des temps, où il est dit que les « astres tomberont du ciel », libérant définitivement l'homme de ses contraintes.

L'auteur du récit de la Genèse insiste ensuite sur la « bonté » de la Création, puisqu'il est dix sept fois que « Dieu vit que tout cela était bon ». Ainsi donc, la Création tout entière est bonne, y compris les monstres marins et jusqu'aux serpents rampants : la nature est bonne, et Dieu la crée majestueusement, souverainement, sans avoir à affronter de puissances hostiles, comme le croyaient les Grecs ou les Babyloniens.

Pour les premiers, la Terre, Gaia, en s'unissant au Ciel, Ouranos, enfanta les titans, les cyclopes et les géants. Leur père, effrayé par cette redoutable progéniture, les réenfouit dans le ventre de leur mère la Terre. D'où la révolte de celle-ci, qui demanda à son fils Cronos de la venger. Ce qu'il fit en châtrant son père avec une serpe géante. Sa destinée ultérieure fut des plus sombres, puisqu'il faillit même dévorer Zeus dont il était le grand-père ! Bref, tout ce qui est monstrueux, aux yeux des Grecs, ne peut que venir de la Terre ; le moins qu'on puisse dire est que, pour eux, elle n'est pas bonne par essence.

Les Babyloniens ne disaient pas autre chose. Pour eux, le monde est né de la lutte entre forces adverses : Mardouk, dieu de la Lumière, trancha le corps du dragon primordial ; de ce corps tranché naquirent le Ciel et la Terre, et de son sang Mardouk créa les hommes. Autre image sinistre, où le monde est le corps d'un dragon et où l'homme voit couler dans ses veines le sang du monstre. On pense aux horreurs sans fin et sans nom qui peuplent les histoires particulières et l'Histoire en général.

Dans la Genèse, il en va tout autrement. Point d'affrontement, point de duel gigantesque entre puissances du bien et puissances du mal, comme s'en figuraient les peuples du Moyen-Orient[1]. Cette vision simpliste fit pourtant de vastes ravages ; car c'est d'elle que germa l'idée qu'il y a dans la nature des êtres utiles et des nuisibles. Or, rien de tel dans le récit sacré : toutes les créatures sont bonnes. L'homme a d'ailleurs été créé à la ressemblance de Dieu, comme il est dit par deux fois : « invité à partager la divine béatitude ». Vient alors le premier commandement de la Bible qui appelle à croître et à prospérer : « Soyez féconds et prolifiques, remplissez la Terre et dominez-la, soumettez les poissons de la mer, les oiseaux du ciel et toute bête qui remue sur la Terre... » Paroles dont la tonalité a fait couler beaucoup d'encre dans les rangs des philosophes et des écologistes, puisqu'on y a vu l'origine des atteintes et prédations massivmeent perpétrées par l'homme sur la nature depuis des millénaires[2].

Tel est donc l'enseignement du premier chapitre de la Genèse. Mais le récit de la Création est

1. On trouve néanmoins dans plusieurs livres de la Bible des réminiscences concernant de grosses bêtes (rhinocéros, crocodiles...) redoutables et dangereuses, qui inspiraient la terreur aux Hébreux.

2. J'ai longuement discuté ce point dans *Au fond de mon jardin*, Fayard, 1992.

à peine terminé qu'en débute un second, tout différent, nettement plus ancien, puisqu'il remonte aux VIIIe ou IXe siècles avant Jésus-Christ[1]. Cette fois, Dieu crée l'homme à partir de la glaise du sol, conformément à une tradition universellement répandue et qu'on trouve dans d'innombrables mythes. Puis il plante un jardin – le jardin d'Éden – où il place l'homme. Ce jardin est peuplé d'arbres superbes, faits pour lui. Les plantes, dans ce deuxième récit, apparaissent donc après l'homme : l'ordre ici n'est plus chronologique, mais hiérarchique. En valeur et en dignité, l'homme arrive en tête. Deux arbres revêtent une importance particulière : l'arbre de vie, symbole d'éternité, et l'arbre de la connaissance du bien et du mal, auquel l'homme ne doit toucher sous aucun prétexte, car nulle créature ne saurait s'arroger le pouvoir de décider de ce qui est bien et de ce qui est mal : Dieu seul est juge ! Admirable assertion qui remet à leur place tant de moralistes aux idées étroites qui prétendent régir ou enrégimenter les consciences. De même, nul n'est maître du destin d'autrui, et nul n'est responsable devant qui que ce soit – hormis sa propre conscience, dûment formée et éclairée, et devant Dieu – de ses propres actes.

Mais l'homme, seul au paradis avec les plantes, s'ennuie : visiblement, Adam n'était pas botaniste ! Dieu veut lui apporter une compagnie qui lui soit assortie ; il crée alors les animaux, les

1. Gen. II, 4-25.

oiseaux, et les présente à l'homme qui donne à chacun un nom : le voici maintenant dans le rôle du zoologiste ! Toutefois, il ne s'en trouve aucun qui lui soit vraiment assorti. Dieu endort alors Adam – nom signifiant « tiré de la terre » – et lui prend une côte dont il fait une femme, qu'il lui présente. Et le texte poursuit : « Alors celui-ci s'écria : "Pour le coup, c'est l'os de mes os et la chair de ma chair. Celle-ci sera appelée femme, car elle fut tirée de l'homme..." C'est pourquoi l'homme quitte son père et sa mère et s'attache à sa femme, et ils deviennent une seule chaire. Or, tous deux étaient nus et n'avaient pas honte l'un devant l'autre[1]. » Dans ce récit superbe, la femme vient donc clore la hiérarchie de la Création.

Certes, tentée par le serpent, elle va bientôt pousser son nigaud de mari à cueillir et à croquer le fruit défendu, ce qui nous valut tous les ennuis que l'on sait : c'est en croquant la pomme – en réalité, la Bible ne parle pas de pomme, mais de « fruit de l'arbre de la connaissance », et il est plus logique d'imaginer que ce fruit fut plutôt une figue[2] – que l'homme peut devenir « comme un dieu », c'est-à-dire s'arroger le pouvoir de juger qui n'appartient qu'à Dieu. L'orgueil est bien à l'origine de notre déchéance. Et cette pomme, nous n'avons pas fini de la croquer !

Le second récit de la Création causait quelque préjudice à l'image de la femme – mais, après

1. Gen. II, 23-25.
2. Voir *Des fruits*, Fayard, 1994.

tout, Adam n'avait guère résisté à la tentation et avait été bien prompt à tomber dans le panneau. Jacques Ellul[1] voit même les choses sous un jour particulièrement favorable à la femme, corrigeant ainsi la réputation quelque peu « machiste » du récit. Il relève d'abord que ce qu'une femme, Ève, a défait, une autre, Marie, le restitue. Ces deux femmes illustrent admirablement la dualité traditionnelle de l'image de la femme, tantôt séductrice, tantôt maternelle. Dans ce récit, elle est créée après l'homme, un peu comme une clef de voûte de l'ensemble de la Création ; créée de surcroît à partir d'une côte d'Adam, non pas à partir de la terre ; bref, créée à partir d'un être vivant, et c'est pourquoi son nom, Ève, signifie « vie ». On comprend mieux alors que le serpent ait voulu tenter la femme, car, comme toujours, il frappe à la tête. Dans cette affaire, Adam n'est plus qu'un pitoyable exécutant. L'astuce du démon, dont l'habileté suprême consiste à faire croire qu'il n'existe pas, qu'il n'agit en rien, est de bien choisir ses proies ; et il les choisit en général de fort gros calibre ! Mais, pour finir, c'est à une femme – prostituée de surcroît, mais repentie – que le Christ apparaîtra en tout premier lieu après la Résurrection, le jour de Pâques ; c'est elle qui, la première, portera la bonne nouvelle aux apôtres et aux disciples, qui ne verront Jésus ressuscité que plus tard.

1. Jacques Ellul, *La Subversion du christianisme*, Le Seuil, 1984.

Voilà donc pour les femmes, qui méritaient bien d'être réhabilitées depuis que les hommes tentent de leur faire endosser la première grande bêtise de l'Histoire ! Une bêtise ou une erreur d'où découlent, selon la tradition, toutes les autres : ce qui n'est pas peu dire ! On a parlé à ce propos de péché originel, et beaucoup débattu de ce concept théologique si difficile à admettre : naître innocent et déjà condamné à souffrir et à mourir ? Nous verrons plus loin comment, dès les premiers siècles, des Pères de l'Église tentèrent d'en minimiser la portée.

La faute de nos premiers parents – de désobéissance, mais aussi d'orgueil puisque, selon la suggestion du serpent, « ils deviendraient comme des dieux, décidant d'eux-mêmes de ce qui est bon et de ce qui est mauvais[1] » – entraîna des conséquences immédiates et brutales. Adam rejette la faute sur sa femme qui accuse elle-même le serpent. Mais Dieu intervient pour les mises au point décisives. Au serpent, il dit : « Tu ramperas sur le ventre, te nourriras de poussière tous les jours de ta vie ; je mettrai une haine entre toi et la femme, entre sa descendance et la tienne. Elle te meurtrira la tête, et toi tu la meurtriras au talon[2]. » Puis, s'adressant à la femme : « Je multiplierai les douleurs de tes grossesses, tu souffriras en enfantant des fils et ton désir te poussera vers ton mari, qui te dominera[3]. » Enfin, à

1. Gen. III, 5.
2. Gen. III, 14-15.
3. Gen. III, 16.

l'homme : « Parce que tu as écouté la voix de la femme et que tu as mangé le fruit de cet arbre défendu, le sol sera maudit. C'est dans la peine que tu en tireras ta nourriture tous les jours de ta vie. La terre fera germer pour toi épines et chardons, et tu n'obtiendras ta nourriture qu'en cultivant des champs. C'est à la sueur de ton visage que tu gagneras ton pain jusqu'à ce que tu retournes à la terre, d'où tu fus tiré. Car tu es poussière et tu retourneras en poussière[1] ! » Ultime sollicitude, le Seigneur taille pour l'homme et la femme des vêtements de peaux de bêtes et les en revêt. Puis il se dit : « L'homme est devenu comme un dieu pour ce qui est de discerner le bien et le mal. Désormais, qu'il ne lui soit plus permis de manger le fruit de l'arbre de vie et de vivre éternellement ! » Alors il renvoie l'homme du Jardin pour qu'il travaille le sol dont il a été tiré, et, l'ayant chassé, il poste, à l'est du Jardin, des chérubins dont la flamme fulgurante du glaive barre l'accès de l'arbre de vie[2].

Ainsi se solde, par l'expulsion du paradis et le devoir de mourir, le premier grand accident de l'Histoire. Le second, qui le suit aussitôt, est pire encore : c'est le meurtre perpétré par Caïn, l'agriculteur, sur son frère Abel, le pasteur. Il est vrai que le sacrifice de Caïn n'a pas été accepté par Dieu, à l'instar de celui d'Abel. On retrouve ici cette prédilection constante de Dieu pour les pas-

1. Gen. III, 17-19.
2. Gen. III, 22-24.

teurs, les nomades, souvent assortie d'une pointe de suspicion envers les sédentaires[1]. Mais Dieu montre néanmoins de la miséricorde pour Caïn : « Si quelqu'un tue Caïn, dit-il, Caïn sera vengé sept fois[2] » ; et le Seigneur le marque d'un signe afin que le premier venu ne puisse le frapper.

À ce stade pourtant peu avancé de l'Histoire, la promesse que Dieu avait faite à Adam en lui confiant le Jardin, afin qu'il le cultive et le garde, est déjà singulièrement ébréchée par une double faute : un acte d'orgueil et un meurtre. L'acte d'orgueil devint le « péché originel », dont le Christ, peu empressé de faire porter aux hommes des fardeaux au-dessus de leurs forces, parle moins que son Église.

Ainsi se conclut le premier épisode des relations de l'homme et de la femme. Sans doute entend-il nous faire comprendre que leur complicité ne s'exerce pas toujours dans les meilleures conditions. À preuve les fâcheux résultats constatés lorsqu'elle s'exerce dans un sens non approuvé « par la Direction »... Mais du même coup se trouve évoqué le problème de leur nature complémentaire, non identique. On ne peut jamais être qu'homme *ou* femme, jamais homme *et* femme. Dès l'origine se manifeste pour l'un comme pour l'autre une incomplétude ; et de celle-ci naît une aspiration constante à « trouver sa moitié », l'autre moitié de soi-même. Une part

1. Ce thème a été longuement développé dans *Au fond de mon jardin*, Fayard, 1992.
2. Gen. IV, 15.

considérable de l'énergie humaine est mobilisée à cette fin. Quitte, quand on croit l'avoir atteinte, à ce que s'atténuent et parfois s'éteignent les feux de la passion – et l'on continue alors à se trouver incomplet...

Comme si la scission originelle du mâle et de la femelle, relayant celle, beaucoup plus ancienne, de l'animal et du végétal, persistait obstinément, chaque pôle organisant son propre mode d'existence en complémentarité avec l'autre. Ainsi, même dans les échanges les plus riches, l'idée d'un « manque » perdure, tout au moins chez qui pense et qui « se pense ». Et chacun de rêver à l'absolu, à l'immortalité, à l'éternité, au paradis, fût-il artificiel. L'idée de Dieu « suinte » de cette impression confuse d'un manque, d'un vide, comme si l'homme projetait dans cet absolu ce qui lui fait présentement défaut et suscite sa nostalgie. Aussi est-il parfaitement légitime de dire, comme le font les athées, que « Dieu est une créature de l'homme » dans laquelle celui-ci se projette pour s'accomplir en rêve dans un au-delà qui n'est qu'une création de son imaginaire. Ce à quoi les croyants rétorquent avec une égale pertinence que Dieu ne peut se révéler à l'homme que par ce manque, précisément, qui est prise de conscience de notre propre insuffisance et nous met en chemin vers plus que nous sommes : car, comme l'affirme fièrement la devise de la Maison de Bruges, *Plus est en nous !* Ce n'est qu'en se dépassant que l'homme est pleinement humain : « Apprenez que l'homme passe infiniment l'homme », dit aussi Pascal. Accepter ses incertitudes et ses imperfections, ses insuffisances et ses insatisfactions, telle est l'entrée dans la voie de la sagesse, qui refoule l'hydre toujours renaissante de l'orgueil humain. Cet orgueil qui, justement, entraîna la chute de l'homme, parce qu'il colmate toutes les brèches et le rend imperméable à Dieu – un Dieu qui, selon la tradition chrétienne, ne peut pénétrer que par une faille, car il est, selon la belle expression de l'auteur des *Pensées*, « un Dieu caché » : un enfant pauvre qui frappe discrètement à la porte. Ce Dieu caché, nul à travers la Bible n'a vu son visage, et Moïse n'eut l'honneur de ne le voir que de dos. Rien d'étonnant, dès lors, à ce qu'on le découvre si laborieusement, et qu'on le voie si peu. Tout dépend en fait du regard, le plus clair étant celui du cœur...

Une vieille légende hindoue raconte qu'il fut un temps où tous les hommes étaient des dieux ; mais ils abusèrent si bien de leur divinité que Brahmā, le maître des dieux, décida de leur ôter le pouvoir divin et de le cacher en un lieu où il leur serait impossible de le retrouver. Le grand problème fut donc de lui trouver une cachette. Lorsque les dieux mineurs furent convoqués en conseil pour résoudre ce problème, ils proposèrent ceci : « Enterrons la divinité de l'homme dans la terre. » Brahmā répondit : « Non, cela ne suffit pas, car l'homme creusera et la trouvera. » Alors les dieux répliquèrent : « Dans ce cas, jetons la divinité au plus profond des océans. » Brahmā objecta à nouveau : « Non, car tôt ou tard l'homme explorera les profondeurs de tous les océans, et il est certain qu'un jour il la trouvera et la remontera à la surface. » Alors les dieux mineurs conclurent : « Nous ne savons où cacher la divinité de l'homme, car il ne semble pas exister sur terre ou dans la mer d'endroit que l'homme ne puisse atteindre un jour. » Alors Brahmā déclara : « Voici ce que nous en ferons : nous la cacherons au plus profond de lui-même, car c'est le seul endroit où il ne pensera jamais à chercher. » Depuis ce temps-là, conclut la légende, l'homme a fait le tour de la Terre, il a exploré, escaladé, plongé, creusé à la recherche de quelque chose qui se trouve finalement en lui...

L'islam nous offre au contraire l'image d'un Dieu triomphant, régnant en majesté au zénith comme le soleil de midi. Point de faille nécessaire : Allah s'impose comme une évidence à l'entendement du croyant dont tout acte, toute pensée d'orgueil ne saurait être que dérisoire. Allah ne laisse aucun choix à ses fidèles qui se soumettent tout naturellement à sa volonté, d'où le sens du mot *islam* : soumission ; d'où cet abandon que nous appelons à tort fatalisme, caractéristique des richesses spirituelles de l'islam mais que l'on retrouve aussi dans la tradition chrétienne d'abandon à la providence et à la volonté de Dieu. L'islam contemporain est certes plus menacé de fanatisme que de fatalisme, mais nulle tradition, nulle confession, nulle idéologie n'est à l'abri de cette dangereuse déviance.

L'islam conserve dans ses valeurs une conscience très vive du paradis, aboutissement naturel d'une vie de foi. Celui-ci, parfaitement obsolète dans l'imaginaire de la modernité, a suscité bien des interrogations et des débats au temps de nos ancêtres. Le Moyen Âge a tenté de le retrouver en estimant qu'il existait encore sur terre : on le situait en un lieu reculé d'Orient. À partir du XVIe siècle, on finit par se résoudre à penser que le paradis terrestre avait disparu ; sans doute le déluge l'avait-il englouti. Mais, au XVIIIe siècle, une nouvelle donne, liée à l'étude des fossiles, entra en ligne de compte : l'âge de la Terre ne pouvait à l'évidence se limiter à 6 000 ans, comme on le croyait jusqu'alors ; la multiplication des fossiles dans des couches géologiques fort éloignées les unes des autres incitait à donner à l'histoire de la Terre une durée beaucoup plus longue. L'idée de paradis disparaît alors et il n'en reste que l'« état de nature », qui, sous la plume de Rousseau, apporte une vision sécurisante et maternante aux êtres humains encore dociles à leurs instincts. Bref, le paradis terrestre ne revêt plus dès lors qu'une signification symbolique.

Mais un lien étroit, de nature théologique, liait paradis terrestre et péché originel. Il fallait bien considérer la faute qui les tenait associés. Comment un péché grave avait-il pu ruiner le statut de nos premiers parents avant la chute ? Comblés de bienfaits, ils avaient délibérément commis un acte de désobéissance de portée incalculable envers leur Créateur, méritant en cela les plus durs châtiments. D'où, en guise de punition, la souffrance et la condition mortelle, à quoi saint Augustin, pour faire bonne mesure, ajouta l'enfer dont les rédacteurs de la Genèse ignoraient jusqu'à l'existence. Seul le sacrifice de Jésus sauverait une minorité d'élus de la damnation méritée par tous. La dramatique théologique de la chrétienté occidentale ne s'explique que par la majoration hyperbolique des beautés du Jardin et des avantages inouïs concédés par Dieu à nos premiers parents qui pourtant s'en bannirent par orgueil.

Notre époque, avec Teilhard de Chardin, a dû néanmoins reconnaître qu'il n'existe pas trace du moindre vestige, pas la moindre cicatrice indiquant la ruine d'un Âge d'or ou d'un monde meilleur. Au demeurant, dans les Évangiles, Jésus a souvent parlé du péché du monde, jamais du péché originel auquel le judaïsme, quant à lui, n'accorde que peu d'importance. D'où la question : n'y a-t-il pas une autre lecture chrétienne possible des premiers chapitres de la Genèse ?

Suivons ici Jean Delumeau[1], qui nous ouvre des perspectives moins sévères sur la faute originelle. Considérons d'abord avec lui que l'origine du péché figure dans le deuxième récit de la Création, plus ancien que le premier de trois à quatre siècles. Ce texte conserve les traces de conceptions très anciennes, sumériennes et assyriennes. Le premier récit, lui, ne souffle mot de cette

1. Jean Delumeau, *Une histoire du paradis*, Fayard, 1992.

affaire. Pas plus que les Psaumes qui, s'ils insistent fréquemment sur les fautes personnelles, n'évoquent jamais le péché originel. De surcroît, dès les origines du christianisme, au IIe siècle, Théophile, évêque d'Antioche, puis Irénée, évêque de Lyon, s'exprimèrent sur ce texte. L'un et l'autre étaient convaincus que nos premiers parents étaient encore des enfants lorsque le malheur les frappa. « L'arbre de la connaissance, souligne Théophile, était lui-même bon, et son fruit aussi. Ce n'est pas, comme s'imaginent certains, l'arbre qui contenait la mort par la désobéissance ; il n'y avait rien d'autre dans le fruit que la science, et la science c'est bien du moment que l'on s'en sert comme il faut. Mais, par son âge réel, Adam n'était encore qu'un enfant, et c'est pour cela qu'il ne pouvait comme il faut recevoir la science. De nos jours, quand naît un enfant, il ne peut encore manger du pain, mais il se nourrit d'abord de lait ; par la suite, selon le développement de son âge, il en vient à une nourriture plus solide[1]... » Irénée avait-il lu Théophile ? En tout cas, il partage sa conviction qu'Adam et Ève étaient comme des enfants, qu'ils n'avaient pas encore de jugement formé. Aussi l'homme, selon lui, « s'adonna-t-il à la désobéissance par inadvertance, et non par malice... Si Dieu a banni ces jeunes enfants du paradis terrestre, c'est pour leur permettre d'expier et de laisser faire la mort,

1. Théophile d'Antioche, *Trois Livres à Antolycus*, Paris, Cerf, 1948.

pour que le péché ne fût pas immortel[1]... » Comment mieux dire que la faute première *n'était pas* un péché mortel ? Et comment ne point s'étonner que le péché mortel ait pu être « banalisé », « démonétisé » au point que, jusqu'au milieu de ce siècle, la plus bénigne masturbation était jugée « mortelle », comme le tonnaient aux adolescents transis (les malheureux !) ou goguenards tant de confesseurs et de prédicateurs imprudents ! (À vrai dire, ce qui était mortel en l'occurrence, c'est bien ce qui est en train de mourir aujourd'hui sous nos yeux, à savoir une « gestion » autoritaire et cléricale de la sexualité où tout se mêle et se confond : de la masturbation à l'avortement, de l'homosexualité à la contraception, de l'usage des préservatifs à la « cohabitation », etc. Impardonnable bévue que de regrouper dans une même réprobation l'avortement, qui est assurément une décision fort grave, et le recours au préservatif qui, depuis l'apparition du sida, n'est au pire qu'un moindre mal ! Quelle lourde erreur que de confondre la contraception, lorsqu'elle ne tue pas d'embryon, et l'avortement, qui détruit un être en devenir ! Et pourquoi lancer de si lourdes attaques contre la cohabitation prémaritale ou l'homosexualité qui, dignement vécues, ne gênent personne ! À force de tout condamner en vrac, on finit par ne susciter que haussements d'épaules.)

1. Irénée, *Contre les Hérésies*, IV, Paris, Cerf, 1965.

Toujours soucieux d'atténuer la faute originelle, Théophile ajoute encore, renforçant la thèse d'Irénée et mettant les points sur les i : « Ce fut, de la part de Dieu, un grand bienfait pour l'homme de ne pas le maintenir pour toujours en état de faute. » Bref, deux évêques de la fin du IIe siècle relativisent le premier péché commis « par nos premiers parents encore à l'état enfantin », et soulignent que « l'humanité, même fautive à l'origine, a reçu une nouvelle vocation : grâce à la venue du Sauveur et à son aide salutaire, elle est en marche vers l'incorruptibilité et la divinisation... ». Déjà se profile l'adage des pères grecs : Dieu s'est fait homme pour que l'homme devienne Dieu. Et Jean Delumeau de conclure : « Est-ce un mal si la disparition du paradis terrestre entraîne avec elle l'image impulsive d'un Dieu vengeur[1] ? »

Les deux chapitres de la Genèse auxquels nous nous sommes référés remontent à une époque comprise entre le IXe et le Ve siècle avant Jésus-Christ. Ils nous ont atteints dans leur intégralité en passant du judaïsme au christianisme. Dans ces deux textes, avec leur vocabulaire, leur expérience et la culture de leur époque, des hommes expriment ce qu'ils estiment être la destinée humaine et le sens de la vie. Ils répondent à leur manière à la fameuse question du pourquoi : pourquoi l'homme ? pourquoi la vie ? Aussi ces textes sont-ils fort riches d'enseignements. Dieu

1. *Op. cit.*

apparaît comme le Créateur incréé : son verbe est fondateur et fait naître toutes les créatures, y compris l'homme. Créé à l'image de Dieu, celui-ci se doit d'être le gérant, le jardinier de la Terre, d'exercer sur elle sa suzeraineté en assurant à tous ses habitants protection et sécurité, à l'instar du seigneur médiéval vis-à-vis de ses sujets. Dans le Coran, Allah fait de l'homme son lieutenant sur la Terre, qui la gère en ses lieu et place. À l'homme de prendre les marques de son domaine et de nommer les animaux, comme le fit Adam (ce à quoi il s'attache d'ailleurs, mais beaucoup plus tard). Il est enfin dit que Dieu, créant l'homme et la femme, les destina à former « une seule chair » : voici donc le mariage institué.

L'homme et la femme, tout frais émoulus, sont tentés par le serpent : ils croquent la pomme de l'arbre de la connaissance du bien et du mal, acquérant ainsi jugement et discernement, à l'instar de Dieu. On rapprochera aisément cet épisode du péché originel du mythe de Prométhée qui constitue son pendant dans la mythologie grecque. Car, dès l'origine, l'homme est tenté par l'aventure prométhéenne : il tient à ravir aux dieux le savoir qui fonde leur pouvoir. Dans l'un et l'autre cas, un émissaire de la race humaine prétend dérober aux dieux leurs secrets ; l'acte de transgression induit par cet orgueil sera durement sanctionné. Prométhée sera attaché à un rocher et un aigle lui mangera le foie ; Adam et Ève seront bannis du paradis. Mais la désobéissance d'Adam et Ève est suivie du meurtre d'Abel par Caïn. Ce meurtre aurait pu entraîner une escalade de la violence et des vendettas en série, ainsi que l'a parfaitement analysé René Girard, « si Dieu n'avait pris soin de faire bénéficier Caïn d'une protection visible[1] » destinée à protéger sa vie : il le marque d'un signe.

Origine de l'homme, orgueil de l'homme, clémence divine, incomplétude de la condition humaine, rapports de l'homme et de la femme : la Genèse nous instruit sur cet essentiel qui nous concerne tous et dont la science ne nous dit rien. Peu importe que le péché originel soit en fait le « péché du monde » dont parle Jésus ; car le message est on ne peut plus clair : nous sommes de condition imparfaite, enclins à l'erreur, à la faute, au mal ; bref, il y a du péché en nous. Et c'est ce péché dont Jésus, par sa résurrection, nous délivre !

Voici désormais exposées les deux thèses sur les origines : celle de la science et celle de l'Église. Mais qui croire et que croire ? Faut-il croire les savants ou les prêtres ?

C'est en ces termes que la question se posait à la fin du XIXe siècle. Entre les deux camps, la bataille faisait rage, et chacun était sommé de choisir : d'un côté, la science et ses lumières ; de l'autre, les vieilles croyances de l'obscurantisme.

1. René Girard, *Des choses cachées depuis les fondations du monde*, Grasset, 1978.

Belle revanche, en vérité, de la science sur l'impérialisme de l'Église qui, quelques siècles plus tôt, brûlait encore les sorcières, pourchassait les mécréants, sommait les savants de ne point s'écarter des voies toutes tracées : sentiers battus et rebattus de l'Écriture sainte et de la tradition, à prendre au pied de la lettre.

Bref, l'Église eut son époque, la science eut la sienne ; aujourd'hui, qu'en est-il ?

Le combat continue çà et là à faire rage, notamment aux États-Unis où l'on voit certains États proposer sur les origines de la vie et de l'homme un double enseignement : celui de la Bible et celui de la science. Pour les uns, le récit de la Genèse est à prendre au mot ; ainsi pensent les fondamentalistes et les adeptes de certaines sectes. Au contraire, pour d'autres séduits par les faits d'expérience qui semblent corroborer la théorie scientifique de l'évolution, aucun doute n'est possible : les auteurs de la Bible étaient mal informés. Sans doute ne saurait-on le leur reprocher, puisqu'ils écrivaient voici plus de vingt-cinq siècles ! Mais, dorénavant, c'est la science et son interprétation qui font seules autorité.

Opposition irréductible ? On le crut longtemps, puis les choses bougèrent, une fois de plus à partir de la découverte, développée au début de cet ouvrage, de la dissymétrie de structure et de l'équivalence de fonctions entre l'hémisphère gauche et l'hémisphère droit du cerveau humain, qu'il n'est pas inutile de rappeler une seconde fois, même s'il ne s'agit que d'une loi de tendance proposée ici à titre de métaphore éclairante. Rien de comparable avec une noix et ses deux hémisphères parfaitement semblables : il se trouve que chaque hémisphère du cerveau a, si l'on peut dire, sa personnalité propre. L'hémisphère gauche serait le siège de la pensée déductive, qui sécrète l'aptitude à décortiquer les versions latines ou les problèmes de math ; logique, rationnel, cartésien, il dissèque, analyse, soupèse, s'exprime par des signes, des chiffres, des lettres ; plus masculin que féminin, il engendre la science et semble frappé, depuis quelques siècles, en Occident, d'une étonnante hypertrophie qui a produit notre monde contemporain, avec ses prouesses scientifiques, ses merveilles mais aussi ses périls technologiques. Le cerveau droit, au contraire, excelle dans l'approche intuitive, synthétique, concrète du réel ; il analyse moins qu'il ne ressent ; il est tout naturellement sensible à l'unité profonde de l'univers ; les arts, la musique sont ses expressions familières ; ignorant les chiffres et les lettres, il s'exprime par des symboles, parle un langage imagé, avec fables et légendes, mythes et prophéties, exprimant dans un langage simple et sans âge les vérités immémoriales de la sagesse des nations. Le cerveau gauche est académique ; le cerveau droit est empirique. En médecine, par exemple, l'un est celui des professeurs, l'autre celui des guérisseurs.

De tous temps, dans toutes les cultures, le langage symbolique des hommes a tenté d'évoquer leurs origines, le sens de leur destinée. Chaque culture possède ainsi son propre trésor qui s'exprime dans ses cultes, ses religions, ses mythes et légendes. Des *Fables* de La Fontaine ou des *Contes* de Perrault aux récits de la Genèse, point de différences radicales : ce qui compte, ce n'est pas l'objectivité scientifique du récit, mais la morale qu'il convient d'en tirer. Le cerveau droit et son langage symbolique se situent d'emblée au niveau des « pourquoi » ; il est à l'aise dans toutes ces questions auxquelles la science ne peut répondre, puisqu'elle-même s'en tient par essence aux « comment ». Si prestigieuse soit-elle, la science n'a rien à nous dire sur le sens de la vie, sur le destin de l'homme, moins encore sur notre propre destin personnel : ce n'est pas là son domaine. À l'inverse, la Genèse n'a rien à nous apprendre sur la composition chimique de la « soupe[1] » de Haldane, dont elle n'a que faire. Ce qui importe à l'auteur sacré, c'est de nous communiquer l'essentiel. Peu lui importe de savoir *comment* cela s'est fait : il revient à la science de nous le dire. Pour lui, ce qui compte, c'est le message.

Depuis Vatican II, science et religion ont soigneusement balisé leur domaine respectif. Elles ont déposé les armes, même si quelques escarmouches, çà et là, continuent de laisser supposer qu'elles demeurent vigilantes aux frontières de leur territoire. Aussi un vrai dialogue peut-il dé-

1. Voir p. 143.

sormais se nouer entre les deux voies de la connaissance : celle de la science et celle de la conscience. Les farouches adversaires se retrouvent renvoyés dos à dos, puisque leur combat est désormais sans objet.

Il appartient à chacun le choix de croire ou de ne pas croire aux vérités colportées par les grands mythes fondateurs : ici, le récit de la Genèse et l'enseignement des religions révélées. Mais aussi de croire ou de ne pas croire aux théories scientifiques, généralement d'une longévité très nettement inférieure à celle des grandes mythologies. Car si l'Évangile paraît toujours d'une étonnante fraîcheur, on ne saurait en dire autant des théories scientifiques proposées il y a à peine un siècle et qui nous semblent déjà totalement obsolètes ! Que dira-t-on, dans deux cents ans, de la théorie évolutionniste de la vie ? de la « soupe primitive » de Haldane ? du big bang ? Nous n'en savons rien. La science évolue comme les êtres qu'elle scrute ; vouloir y rechercher des vérités éternelles serait on ne peut plus imprudent. Si les credo scientifiques rencontrent dans notre monde sécularisé un certain succès, c'est qu'ils paraissent une des seules réalités consistantes dans un univers fuyant de mots et d'images privés de sens, où l'absurde le dispute à l'éphémère. Il fallait une fameuse audace pour affirmer, comme le fit le Christ, que « le Ciel et la Terre passeront, mais mes paroles ne passeront pas ». Il est vrai que Celui qui s'exprimait ainsi, voici deux mille ans, excellait dans le maniement du langage symbolique sous forme de *paraboles*. Ce langage-là ne vieillit jamais et semble bien être, dans la culture humaine, une des réalités les plus résistantes à l'érosion.

CHAPITRE X

La mort et l'au-delà

Si les origines se cachent sous les commencements, les fins ultimes de l'univers, de la vie, de l'homme nous sont encore plus mystérieuses et incertaines que leurs débuts. Que nous dit la science à ce sujet ?

Les astrophysiciens débattent à l'infini sur le point de savoir si l'expansion de l'univers, commencée il y a quinze milliards d'années avec le big bang, se poursuivra indéfiniment, ou si, au contraire, à l'instar d'un caillou jeté en l'air et retombant sur le sol, les galaxies, à un moment donné, n'inverseront pas leur mouvement : alors l'univers se concentrera à nouveau tout en se réchauffant, jusqu'à atteindre un état d'extrême densité – c'est le « big crunch ». Puis viendrait une nouvelle phase de dilatation, et ainsi de suite... Néanmoins, cette vision d'un univers fonctionnant « en accordéon » n'est pas communément admise, et le débat à ce sujet reste tout à fait ouvert. Le problème est en effet de savoir si les galaxies ont des vitesses supérieures ou inférieures à leur vitesse d'échappement. Dans le premier cas, on a affaire à une expansion et à un refroidissement sans limite ; dans le second, à un retournement et à une condensation menant à un nouveau réchauffement. Comme le note Hubert Reeves, « cette question se formule en termes de densité[1] ». On calcule que si la densité cosmique moyenne est supérieure à 10 nucléons/m^3 – on estime qu'à ce chiffre, l'univers est pratiquement vide –, le champ de gravité mutuel des galaxies serait suffisant pour effectuer un pareil retournement ; si elle est inférieure, l'expansion se poursuivra infiniment. On appelle « densité critique » la densité limite entre les deux situations. Or, il se trouve qu'on ne connaît pas encore la totalité des matériaux existants dans le cosmos, donc cette densité critique, et Reeves conclut : « On pourrait résumer la situation en disant que si les observations les plus solides semblent favoriser l'idée d'un univers léger, rien n'est encore certain. En conséquence, nous ne savons pas encore si l'univers va se recontracter ou non... »

Nous voici donc renvoyés à nos interrogations premières.

Mais qu'en est-il de la présence de la vie sur cette planète et de celle de l'homme ? Hormis quelque collision toujours possible entre corps célestes, qui viendrait à détruire la Terre, l'hypo-

1. Hubert Reeves, *Dernières Nouvelles du cosmos : vers la première seconde*, Seuil, 1994.

thèse la plus plausible concerne l'extinction, donc la longévité du Soleil. Celui-ci fait fonctionner son réacteur nucléaire à fusion depuis 4,6 milliards d'années ; il peut poursuivre cette réaction au même rythme pendant encore quatre à cinq milliards d'années. Bref, le Soleil est tout juste au mitan de son âge. Au terme de cette période, il aura presque intégralement transformé son hydrogène en hélium, et sa production énergétique faiblira. Il sera alors le siège de toute une série de processus parfaitement observés sur d'autres étoiles parvenues au terme de leur existence. Il se transformera d'abord en un astre gigantesque dépassant cent millions de kilomètres de diamètre, visible dans la galaxie tout entière : une géante rouge, mille fois plus lumineuse que notre étoile actuelle. À ce stade, Mercure et Vénus seront engloutis dans l'étoile. Quant à la Terre, les océans s'y volatiliseront, les continents s'y carboniseront. Tous les matins, pendant plus d'un milliard d'années, un énorme globe rouge sang, auréolé de flammes, se lèvera sur un désert de cendres. C'est tout au moins ce que prédit Serge Brunier[1]. Puis, subissant des contraintes internes de plus en plus fortes, le Soleil instable commencera à battre plus lentement, comme un cœur fatigué. À chacune de ses amples « respirations », ses protubérances viendront lécher la surface de notre planète morte. Puis, brutalement, le Soleil explosera, expirant

1. Serge Brunier, *Voyage dans le système solaire,* Bordas, 1993.

dans l'espace une grande partie de sa masse, anéantissant au passage son cortège planétaire, soufflant aux quatre vents de la galaxie la matière nouvelle qu'il aura créée durant dix milliards d'années. Promesse de futures générations d'étoiles, voire de futures générations tout court, puisque nous sommes faits de « poussières d'étoiles »...

Mais l'*Homo sapiens*, qui n'est sur Terre que depuis cinquante mille ans, y vivra-t-il encore dans cinq milliards d'années ? Tout laisse présager que non. On sait aujourd'hui que les espèces, au même titre que les individus, naissent, vivent et meurent. La longévité moyenne d'une espèce animale serait de l'ordre de quelques millions d'années. Même si l'homme est une espèce bien particulière, à laquelle il est difficile d'appliquer les critères usuels moyens en vigueur pour les autres espèces animales, on ne voit que trop bien les catastrophes qu'il pourrait lui-même déclencher au risque de se détruire...

L'apocalypse nucléaire est traditionnellement considérée comme l'une des fins possibles de l'humanité. Cette fin n'entraînerait pas *ipso facto* la disparition de la vie sur Terre, car les espèces présentent à la radioactivité des sensibilités fort diverses. Tout laisse penser qu'un tel cataclysme, qui emporterait l'humanité, respecterait de fort nombreuses espèces animales et végétales (bactériennes, surtout), ouvrant un nouveau chapitre de l'histoire de la vie – une étape d'où l'homme, cette espèce fragile, aurait disparu.

C'est donc bien lui qu'il convient de protéger par priorité, tout en protégeant et la nature et la vie qui constituent son milieu. Et il convient de le protéger en premier lieu contre lui-même. Car, à considérer l'évolution vertigineuse du progrès qu'il a engendré, on est conduit à s'interroger sur le cerveau de l'homme : ne serait-il pas hypertélique ? n'exagérerait-il pas tel ou tel caractère, à l'instar de tant d'espèces, qu'un mal semblable a fini par emporter ou a gravement pénalisées ? Notre cerveau gauche, géniteur de toutes nos machines et de tous nos robots, n'aurait-il pas déjà franchi les limites au-delà desquelles la sécurité biologique et la pérennité de l'homme ne sont plus assurées ?

L'hypertélie, ou développement exagéré d'un organe ou d'une fonction, est une aberration des processus évolutifs. Les exemples abondent dans la nature : le port et le développement de ses bois entravent le cerf dans sa course et affaiblissent l'un de ses moyens de défense, la fuite. Les pattes démesurées des tipules rendent leur démarche maladroite et difficile : en les coupant d'un coup de ciseau, on améliore la locomotion de ces diptères, nés en quelque sorte infirmes. Bien des espèces handicapées par des organes hypertéliques ont disparu ou sont menacées (encore qu'il soit imprudent d'affirmer que l'hypertélie soit la cause, tout au moins la cause unique de leur extinction) : éléphants accablés par la taille de leurs défenses, insectes à mandibules énormes comme les lucanes.

Qu'en sera-t-il de l'homme ? L'enjeu est de taille, d'autant plus que le néocortex n'a guère accru son pouvoir d'intégration par rapport aux autres couches cérébrales. Voilà donc l'humanité menacée pour n'avoir pas réussi l'évolution harmonieuse, coordonnée et sans heurts de l'organe qui fait précisément son originalité. Finira-t-elle asphyxiée sous le poids des productions du cerveau ? L'artificialisation croissante de l'environnement mettra-t-elle en péril les équilibres de la nature et de la vie ? L'hypersophistication des technologies finira-t-elle par nous y asservir ? Quelque fou, particulièrement inapte à réguler sa « machine à penser », déclenchera-t-il un cataclysme planétaire ? Les paris sont ouverts : tout est possible, y compris les pires dérèglements.

S'il est quasi impossible d'avancer une date et un scénario pour la disparition de l'espèce humaine, emportée par quelque apocalypse, il reste toujours possible d'évoquer la mort individuelle, certaine, celle-ci, quoique tout aussi mystérieuse.

Biologistes et médecins débattent à l'infini sur le point de savoir à quel moment précis survient la mort. Longtemps, on a considéré qu'était mort celui qui ne respirait plus et dont le cœur avait cessé de battre. Le progrès des techniques de réanimation ont remis en cause cette définition. La pratique du massage cardiaque permet notamment de surmonter un arrêt cardio-respiratoire (ce n'est toutefois possible que dans un délai très court, qui n'excède pas quelques minutes ; à défaut, le déficit d'oxygénation provoque l'altération irréversible des cellules cérébrales).

Le critère retenu aujourd'hui pour définir la mort est précisément la mort cérébrale. C'est elle, par exemple, qui tient lieu de « feu vert » pour les prélèvements d'organes. D'autres critères cliniques sont pris en considération par les médecins réanimateurs : l'absence de réponse à tous les stimuli, l'abolition de tout mouvement de respiration spontanée, la disparition de certains réflexes, notamment du réflexe cornéen. Pourtant, tous ces critères ne sont pas encore suffisants. En cas de coma barbiturique consécutif à un suicide, par exemple, l'électro-encéphalogramme peut rester plat fort longtemps avant que l'activité ne reprenne. On dispose aujourd'hui d'une machine, le doppler cérébral, qui permet de déclarer à coup sûr la mort cérébrale, y compris en cas d'intoxication médicamenteuse ; il est fondé sur la mesure de la circulation sanguine cérébrale : lorsque le sang ne circule plus dans le cerveau, celui-ci se nécrose très vite, sans possibilité de récupération.

L'approche des médecins légistes est encore différente. Pour eux, le décès est indiscutable lorsque apparaissent les signes de la rigidité cadavérique ; l'apparition de taches violacées, quelques heures après la mort, qui correspondent à l'accumulation de sang consécutive à l'arrêt de la circulation, est également significative.

Si l'on excepte, à la limite, le recyclage des molécules du cadavre au sein des grands cycles biogéochimiques de la vie, ce qui se passe après la mort ne relève plus du domaine de la science. La mort nous conduit très vite à ses frontières.

Depuis des années, maints témoignages ont été publiés sur les états intermédiaires entre la vie et la mort. En publiant, en 1975, *La Vie après la vie*, un Américain, le docteur Moody, obtint un succès de librairie mondial. Il décrivait des expériences appelées « NDE[1] », qui permirent à un grand nombre de personnes de reconnaître les expériences dont elles avaient été elles-mêmes l'objet à l'occasion d'un coma survenant par exemple à la suite d'un accident. Grâce aux progrès des techniques de réanimation, ce genre d'expériences est de plus en plus fréquent ; mais de quoi s'agit-il ? En fait, d'un scénario variable d'un individu à l'autre, mais qui s'articule toujours autour de quelques points clés qui en constituent la trame. Le sujet en conserve le souvenir après sa réanimation et peut en fournir une description très précise : il s'est d'abord vu engagé dans un sombre tunnel avec le sentiment d'être « hors de son corps » ; il traverse le tunnel au fond duquel lui apparaît une vive lumière ; les événements passés défilent rapidement dans sa mémoire et reconstituent le film de toute sa vie ; il rencontre dans son périple des êtres désincarnés qu'il identifie à des membres décédés de sa famille : ceux-ci

1. *Near Death Experiences :* expériences proches de la mort.

viennent en quelque sorte à sa rencontre ; souvent, il voit un « être de lumière » ; mais, bientôt, il distingue ou plutôt ressent une barrière, une frontière, parfois une rivière qui l'empêche de poursuivre son périple, et il a alors le sentiment de devoir retourner sur terre ; cette idée lui paraît déplaisante, car il éprouvait jusque-là un intense sentiment de bonheur et de paix. Souvent, la personnalité des sujets ayant connu ce genre d'expérience se trouve ensuite profondément modifiée ; chez eux, la crainte de la mort se dissipe, et il reste des séquelles, si l'on peut dire, de l'état de sérénité qu'ils ont vécu : ils sont apaisés, moins anxieux, plus confiants dans l'avenir[1].

Les spécialistes sont profondément divisés sur le sens à accorder aux expériences NDE. Certains allèguent que celles-ci ne peuvent être considérées comme un « au-delà de la mort » dans la mesure où le sujet réanimé poursuit sa vie terrestre et peut raconter après coup son expérience. À quoi d'autres rétorquent qu'il s'agit là d'un état intermédiaire et que la fréquence de ces cas (des dizaines de milliers d'expériences ont été rapportées) dépasse très largement le cadre d'une stricte

1. On trouve dans ces descriptions d'étranges analogies avec les faits décrits dans le *Livre des Morts* égyptien : ainsi, par exemple, de la pesée des âmes. La mythologie grecque est aussi évoquée par le fleuve (Styx) que traversait le célèbre passeur Charon, chargé des âmes des défunts : là était la frontière, le lieu d'irréversibilité ; une fois cette frontière franchie, l'âme ne revient plus en arrière. C'est peut-être cette limite que les sujets NDE ne franchissent jamais. Quant aux toiles de Jérôme Bosch où l'on voit des anges pousser les morts vers le tunnel et la lumière, elles évoquent une autre scène classique de NDE.

expérience individuelle. Toujours est-il que c'est là le point le plus avancé dans l'exploration actuelle de la mort. On n'a d'ailleurs pas manqué de faire des parallèles entre cette « transmigration » et les récits des Livres des morts tibétain ou égyptien. Car la croyance en une vie après la mort appartient à la plupart des cultures.

Les représentations ou conduites concernant la mort évoluent d'une civilisation à l'autre ; elles peuvent sommairement se regrouper en trois grands types : le retour à la terre-mère ou au néant, la réincarnation, la résurrection.

Dans l'Occident contemporain, la mort est vécue par beaucoup comme une destruction, une disparition, une absence. Cette appréhension matérialiste est pratiquement absente des sociétés traditionnelles où la mort s'entoure toujours de nombreux rituels puissamment significatifs.

Étonnante est la montée en Occident de la croyance en la réincarnation, présente dans de nombreuses philosophies ou religions d'Orient (pythagoriciens, manichéens, certains néoplatoniciens) et d'Asie (brahmanisme, bouddhisme). Dans les deux grandes religions de l'Inde, la réincarnation est le mouvement naturel de l'âme du défunt qui renaîtra dans un nouveau corps, et ce, jusqu'à ce qu'elle ait pu se purifier de tout désir, étant alors prête pour le nirvana ou la fusion dans le tout.

À verser au dossier de la réincarnation, les régressions pratiquées sous hypnose, dont les patients relatent des récits convergents évoquant les NDE ainsi que des vies supposées antérieures. Phénomènes très mystérieux, mais relatés par des témoins dignes de foi.

La résurrection, ou vie après la mort, est sans doute la position la plus répandue dans les sociétés fondées sur des philosophies personnalistes. Une position que résume bien Socrate, déclarant à ses disciples avant d'absorber le poison : « Je crois aux dieux athéniens, comme n'y croit aucun de mes accusateurs. Et, puisque Dieu existe, il ne peut arriver rien de mal à l'homme juste, ni pendant sa vie, ni après sa mort. » Les trois grandes religions monothéistes croient de même en la vie éternelle, même si cette attitude fut fort tardive dans le monde hébraïque, puisque les salucéens, à l'époque de Jésus, ne croyaient toujours pas à la résurrection des morts. Mais celle-ci revêt une signification particulièrement suggestive à travers la mort et la résurrection de Jésus. Si la mort du Christ par crucifixion est désormais un fait historique acquis et confirmé par plusieurs auteurs profanes, sa résurrection, qui appartient à la seule révélation, échappe à toute scientificité et demeure strictement du domaine de la foi.

L'Évangile de Jean, postérieur de près de soixante-dix ans à la mort du Christ, la relate en ces termes : « Marie se tenait près du tombeau et pleurait. Toute en larmes, elle se penche vers l'intérieur et voit deux messagers divins vêtus de blanc, assis l'un à la tête, l'autre au pied de l'endroit où a été déposé le corps de Jésus. Ils lui demandent : "Femme, pourquoi pleures-tu ? – On a enlevé mon Seigneur. Je ne sais pas où on l'a mis." En disant cela, elle se retourne et voit Jésus là debout, mais sans savoir que c'est lui. "Femme, pourquoi pleures-tu ? lui demande-t-il à son tour. Qui cherches-tu ?" Elle le prend pour le jardinier et répond : "Mon ami, si c'est toi qui l'as emporté, dis-moi où tu l'as mis et j'irai le prendre." Jésus lui dit : "Marie !" Elle le reconnaît et s'écrie en hébreu : "Rabbouni", c'est-à-dire "maître"[1]. »

C'est en ces termes succincts que l'Évangile selon saint Jean relate l'événement que les chrétiens de toutes confessions considèrent comme le plus important de l'Histoire. Un événement dénué de tout triomphalisme : le Christ n'apparaît pas à Marie Madeleine transfiguré comme sur le mont Tabor, mais sous la forme d'un humble jardinier. Le triomphalisme, il est vrai, est une attitude terrestre, et l'on sait à quoi il aboutit généralement. La célébration du dimanche des Rameaux est là pour nous le rappeler : l'accueil triomphal du Christ à Jérusalem est promptement suivi de sa mise à mort. Tel est le sort que connaissent tôt ou tard les pouvoirs et les empires.

La réalité spirituelle est tout autre : le Christ ressuscite dans le silence de la nuit, en l'absence de tout témoin, et les Évangiles ne se hasardent pas à broder sur la résurrection elle-même. Ils se

1. Jn, XX, 11-16.

contentent de présenter le Ressuscité et restent cois sur les modalités mêmes de la résurrection, dont ils ne soufflent mot ; l'expérience spirituelle reste intime et silencieuse, comme un permanent murmure de l'âme.

Le texte nous relate que Jésus se révèle d'abord à une femme de son entourage qu'il affectionnait particulièrement, Marie de Magdala, plus connue sous le nom de Marie Madeleine, dont la tradition veut qu'elle ait été la « pécheresse », cette prostituée qui avait baigné de ses larmes et essuyé de ses cheveux les pieds du Seigneur, puis l'avait suivi. Marie Madeleine ne reconnaît pas le Christ à son visage, puisqu'il a emprunté les traits d'un jardinier ; mais elle le reconnaît à sa voix lorsqu'il prononce son nom, « Marie ». Bouleversante rencontre d'un amour désormais éternel...

Peut-être s'étonnera-t-on – si l'on n'y a jamais songé – que le Christ ressuscité apparaisse d'abord à une femme. Marc et Jean la désignent nommément : il s'agit bien de Marie Madeleine. Marc met les points sur les i en soulignant que le Christ avait chassé d'elle « sept esprits du mal... ». Pour Matthieu, Marie Madeleine était accompagnée de l'autre Marie, la mère de Jacques. Selon Luc, enfin, ces mêmes femmes sont accueillies à leur arrivée au tombeau par deux hommes « aux vêtements éblouissants » qui leur demandent : « Pourquoi cherchez-vous parmi les morts celui qui est vivant ? Il n'est pas ici, il est ressuscité ! », et c'est à deux autres disciples, marchant vers Emmaüs, que le Ressuscité se révèle en premier lieu. Si ces quatre récits évangéliques ne coïncident pas en tous points, ils s'accordent en revanche sur ce fait surprenant que la première manifestation de la résurrection ait été réservée à des femmes, en particulier à la pécheresse repentie, cette ancienne prostituée à qui il fut beaucoup pardonné parce qu'elle avait beaucoup aimé... Or cette femme eut toutes les peines du monde, d'après les textes, à convaincre apôtres et disciples de ce qu'elle avait vu. On lit même que Pierre « courut au tombeau, se pencha, ne vit que du linge et s'en retourna, tout étonné de ce qui était arrivé[1]... ». Visiblement, Pierre n'avait encore rien compris – pas plus que les autres, au demeurant – en ces journées tragiques qui suivirent la mort du Seigneur. Aussi s'étaient-ils tous réfugiés au Cénacle, les portes fermées par crainte des Juifs ; et c'est là que le Seigneur parut enfin au milieu d'eux.

Curieusement, la Vierge, sa mère, pourtant présente deux jours plus tôt en compagnie de l'apôtre Jean au pied de la Croix, n'apparaît pas dans les relations de la résurrection. Quant aux apôtres et disciples, ils ne viennent qu'en seconde position, et on les prie même d'entreprendre le long voyage en Galilée afin que le Ressuscité s'y manifeste à eux. Pierre est visiblement fort lent à croire – surtout à croire des femmes ! On retrouve là un trait de caractère de cet homme rude et fidèle, dérouté par les événements extraordi-

1. Lc, XXIV, 12.

naires qu'il vient de vivre. Est-ce pour cela que le Ciel décida un jour de le faire seconder par le dernier venu du « club des Douze », saint Paul de Tarse ? Imaginons le Christ ressuscité prenant acte de l'insuffisance de ceux qu'il avait choisis et décidant de leur adjoindre *in extremis* ce nouveau compagnon, lequel allait se révéler d'une efficacité peu commune dans l'édification et le développement de cette puissante « multinationale » de la foi qu'est devenu, au long des vingt siècles suivants, le christianisme ! Mais c'est là une irrévérencieuse façon de fourrer son nez dans les voies et desseins de l'Éternel, qui, comme chacun sait, sont insondables...

Quoi qu'il en soit, le fait est là : dans un univers culturel où s'est affirmée de tout temps la primauté de l'homme et où les femmes n'occupent qu'une place chichement mesurée, le Christ, tout en ayant choisi douze apôtres, se révèle d'abord aux « saintes femmes ». Et c'est encore une femme, la Vierge Marie, qui restitue la condition humaine parfaite qu'Ève avait défaite.

Pourquoi Jésus choisit-il d'apparaître sous les traits d'un jardinier ? Peut-être tout simplement parce que la scène se passe dans un jardin. Mais les Pères de l'Église y ont vu un symbole du Jardin d'Éden. Comme Adam fut chassé du Jardin pour avoir désobéi à Dieu en péchant par orgueil, le Christ nous ouvre à nouveau ses portes pour avoir obéi à son Père et s'être humilié jusqu'à la mort. Aussi l'a-t-on appelé le Nouvel Adam.

Un deuxième récit de la résurrection, fort connu et émouvant, est celui des disciples d'Emmaüs : « Et voici que, ce même jour, deux d'entre eux se rendaient à un village du nom d'Emmaüs, à deux heures de marche de Jérusalem. Ils parlaient entre eux de tous ces événements. Or, comme ils parlaient et discutaient ensemble, Jésus lui-même les rejoignit et fit route avec eux ; mais leurs yeux étaient empêchés de le reconnaître. Il leur dit : "Quels sont ces propos que vous échangez en marchant ?" Alors ils s'arrêtèrent, l'air sombre. L'un d'eux, nommé Cléopas, lui répondit : "Tu es bien le seul à séjourner à Jérusalem qui n'ait pas appris ce qui s'y est passé ces jours-ci ! – Quoi donc ?" leur dit-il. Ils lui répondirent : "Ce qui concerne Jésus de Nazareth, qui fut un prophète puissant en actions et en paroles devant Dieu et devant tout le peuple : comment nos grands prêtres et nos chefs l'ont livré pour être condamné à mort et l'ont crucifié ; et nous, nous espérions qu'il était celui qui allait délivrer Israël. Mais, en plus de tout cela, voici le troisième jour que ces faits se sont passés. Toutefois, quelques femmes qui sont des nôtres nous ont bouleversés ; s'étant rendues de grand matin au tombeau et n'ayant pas trouvé son corps, elles sont venues dire qu'elles ont même eu la vision d'anges qui le déclarent vivant. Quelques-uns de nos compagnons sont allés au tombeau et ce qu'ils ont trouvé était conforme à ce que les femmes avaient dit ; mais lui, ils ne l'ont pas vu." Et lui leur dit : "Esprits sans intelligence, cœurs lents à croire tout ce qu'ont déclaré les prophètes ! Ne fallait-il pas que le Christ souffrît cela et qu'il entrât dans sa gloire ?" Et, commençant par Moïse et par tous les prophètes, il leur expliqua dans toutes les Écritures ce qui le concernait. Ils approchèrent du village où ils se rendaient, et lui fit mine d'aller plus loin. Ils le pressèrent en disant : "Reste avec nous, car le soir vient et la journée déjà est avancée." Et il entra pour rester avec eux. Or, quand il se fut mis à table avec eux, il prit le pain, prononça la bénédiction, le rompit et le leur donna. Alors leurs yeux furent ouverts et ils le reconnurent, puis il leur devint invisible. Et ils se dirent l'un à l'autre : "Notre cœur ne brûlait-il pas en nous tandis qu'il nous parlait en chemin et nous ouvrait les Écritures ?" À l'instant même, ils partirent et retournèrent à Jérusalem ; ils trouvèrent réunis les Onze et leurs compagnons, qui leur dirent : "C'est bien vrai ! Le Seigneur est ressuscité, et il est apparu à Simon." Et eux racontèrent ce qui s'était passé sur la route et comment ils l'avaient reconnu à la fraction du pain[1]... »

Texte bouleversant par son évidente authenticité. Les disciples sont découragés, car l'espoir qu'ils avaient mis en Jésus s'est effondré ; il faut que le Christ lui-même mette le doigt sur l'événement et en tire la signification pour qu'enfin ces « esprits sans intelligence », ces « cœurs longs à croire » finissent par se rendre à l'évidence. Mais quelle joie lorsqu'ils reconnaissent le Maître ! Et

1. Lc, XXIV, 13-35.

quelle joie plus grande encore sur le chemin du retour à Jérusalem où l'on se raconte les apparitions du Ressuscité ! Celui-ci ne se montre encore qu'à quelques-uns, et le fameux épisode de Thomas indique que seule la foi est ici en jeu, à l'exclusion de tout autre mode d'approche et de connaissance du Ressuscité : « Cependant, Thomas, l'un des Douze, celui qu'on appelle Didyme, n'était pas avec eux lorsque Jésus vint. Les autres disciples lui dirent donc : "Nous avons vu le Seigneur !" Mais il leur répondit : "Si je ne vois pas dans ses mains la marque des clous, si je n'enfonce pas mon doigt à la place des clous, et si je n'enfonce pas ma main dans son côté, je ne croirai pas !" Or, huit jours plus tard, les disciples étaient à nouveau réunis dans la maison et Thomas était avec eux. Jésus vint, toutes portes verrouillées, il se tint au milieu d'eux et leur dit : "La paix soit avec vous." Ensuite, il dit à Thomas : "Avance ton doigt ici et regarde mes mains ; avance ta main et enfonce-la dans mon côté ; cesse d'être incrédule et deviens un homme de foi." Thomas lui répondit : "Mon Seigneur et mon Dieu." Jésus lui dit : "Parce que tu m'as vu, tu as cru ; bienheureux ceux qui, sans avoir vu, ont cru."[1] »

La foi repose désormais non sur la vue, mais sur le témoignage de ceux qui ont vu. Jésus ressuscité ne s'impose pas ; il ne fait point de prodiges, mais laisse à chacun le soin de croire ou de

1. Jn, XX, 24-29.

refuser le témoignage de ceux qui ont vu. La foi apparaît ici dans ce qu'on pourrait appeler son « état natif » : entièrement dépouillée, autonome, étrangère à la science, irremplaçable par quelque autre mode de connaissance que ce soit. La résurrection, dans sa matérialité, ne peut être reçue que par la foi, et la foi seule. Il s'agit ici d'une démarche strictement personnelle : celle qui, à un moment ou à un autre de notre vie, nous amène à dire : « Je crois ! », à le dire et à le redire.

Ressuscité, Jésus réintroduit l'humanité dans la gloire du Père. C'est de cette nouvelle vocation que parlait Théophile d'Antioche lorsqu'il évoquait le paradis d'après l'enterrement, le ciel de notre enfance, nos fins dernières. Mais le Ciel a toujours été tristement mis en balance avec l'Enfer. Qu'en est-il de ce dernier ? Empruntons à Jean-Paul II, peu suspect de laxisme, quelques réflexions à ce sujet : « Dans le Christ, Dieu a révélé au monde qu'il désirait que "tous les hommes soient sauvés et arrivent à connaître pleinement la vérité". Cette phrase de la Première Épître à Timothée est d'une importance décisive pour bien comprendre et prêcher les fins dernières... Pourtant, les paroles du Christ sont sans équivoque. Chez Matthieu, il parle clairement de ceux qui connaîtront les peines éternelles. Qui seront-ils ? L'Église n'a jamais voulu prendre position. Il y a là un mystère impénétrable entre la sainteté de Dieu et la conscience humaine. Le silence de l'Église est donc la seule attitude convenable. Même si le Christ dit, à propos de Judas qui vient de le trahir : "Il vaudrait mieux que cet homme-là ne soit jamais né." Cette phrase ne doit pas être comprise comme la damnation pour l'éternité[1]. »

Si l'Église a toujours insisté sur les fins dernières de l'homme – on se souvient du fameux « je n'ai qu'une âme qu'il faut sauver » –, le concile Vatican II a plus spécialement mis l'accent sur les aspects collectifs du « salut ».

La Bible, en ses soixante-treize livres, nous conte la longue et laborieuse histoire d'amour entre Dieu et les hommes, le premier revenant sans cesse à la charge, éperdument fidèle et « amoureux », tandis que les seconds renaclent et font la grimace. Pourtant, à la fin des fins, la partie est gagnée : Dieu se réconcilie avec l'humanité pour toujours ! Cette réconciliation nous est relatée dans la fin de l'Apocalypse de Jean. Bienheureux les élus, dont Dieu « séchera toutes larmes de leurs yeux. Plus de mort ni de deuil, plus de cris ni de peine, l'ancien monde s'en est allé[2] ».

Alors une ville nouvelle descendra du ciel, la Jérusalem céleste. Elle aura pour architecte et constructeur Dieu lui-même. Abraham, déjà, l'attendait ; saint Paul ne dit-il pas de lui : « Par la foi, il vécut en la Terre promise ainsi qu'un étranger, demeurant sous la tente, Isaac et Jacob auprès de lui, cohéritiers de la même promesse ;

1. Jean-Paul II, *Entrez dans l'espérance*, Plon-Mame, 1994.
2. Ap., XXI, 4.

car il attendait la cité solidement fondée dont Dieu est architecte et constructeur[1] » ?

La ville, si pervertie, si décriée, la ville de la drogue et de la délinquance, la ville de l'insécurité et de la solitude, la voici restaurée dans toute sa dignité, dans toute sa splendeur. Oui, elle est superbe cette ville sainte, que nous décrit l'Apocalypse : « Elle brille de la gloire même de Dieu, comme une pierre d'un jaspe cristallin. Elle est carrée et a douze portes, qui trois par trois s'ouvrent sur chacun des quatre points cardinaux. Les remparts sont de jaspe et les assises des remparts faites de douze sortes de pierres précieuses : le jaspe et le saphir, la calcédoine et l'émeraude, la sardoine et la cornaline, la chrysolithe et le béryl, la topaze et la chrysoprase, la turquoise et l'améthyste. Les portes sont de perle, la cité est d'or pur ; il n'y a ni temple – c'est le Seigneur lui-même –, ni lune, ni soleil – la gloire de Dieu l'illumine. Ses portes ne se ferment jamais, car il n'y a plus de nuit. Du trône de Dieu jaillit un fleuve d'eau vive, brillant comme du cristal : ses deux bras enserrent l'arbre de vie, qui produit douze récoltes de fruits, réparties sur l'année[2]. »

L'épopée biblique s'achève donc par une grandiose mise en scène ; un peu comme le final de l'« Hymne à la joie », dirigé de main de maître. Le cosmos est transformé. Les astres défavorables aux hommes ont disparu : il n'y a plus de nuit

1. He, XI, 9-10.
2. Ap., XXVII, 11-22.

pour les observer, et le soleil n'illumine plus le jour. Désormais, la seule lumière divine éclaire le nouveau monde et c'est d'elle que procède la ville nouvelle. Ses matériaux ont été choisis avec soin parmi les plus précieux ; le monde minéral demeure, mais dans sa version la plus noble. Le fleuve généreux représente, comme à l'origine, la vie qui naît des eaux : il irrigue l'arbre de vie auquel Adam et Ève n'avaient pu accéder après avoir goûté au fruit défendu : symbole de la vie éternelle, il est la nourriture des élus. Le trône de Dieu remplace le temple devenu inutile.

La paix régnera sur l'univers : « Nul ne brandira plus le glaive meurtrier et l'on n'apprendra plus la guerre. Alors, de leurs épées, ils forgeront des socs et, de leurs javelots, des serpes[1]. » Oui, la guerre est finie ! L'Agneau – le Christ – sera au centre de la cité, et le sort des bêtes finalement tout aussi heureux que celui des minéraux et des végétaux. Il suffit de se reporter à l'une des plus célèbres prophéties d'Isaïe : « Le loup vivra avec l'agneau. Le tigre gîtera près du chevreau. Le veau, le lionceau seront nourris ensemble, et un enfant les conduira. La vache et l'ourse auront même pâture, leurs nouveau-nés étroitement mêlés. Le lion et le bœuf mangeront de la paille. Le nourrisson jouera près du repaire du cobra, et, dans l'antre de la vipère, il plongera la main. Sur toute la montagne sainte plus de méfaits et plus de violence, car le pays débordera de la connais-

1. I Is, II, 4.

sance du Seigneur comme la mer est gonflée par les eaux[1]. »

L'Apocalypse est formel : ce programme ne réussira que par la volonté expresse de Dieu, envers et contre toutes les forces adverses mobilisées jusqu'au dernier instant et symbolisées dans le texte par le couple diabolique de Gog et Magog. Des faux prophètes, des « Magog », certes, ne manquent point. Entendons-les grincer des dents à l'évocation de l'admirable vision du prophète Ézéchiel, rédigée six siècles avant Jésus-Christ, puissant souffle de vie sur les morts, le monde des morts et les mondes de mort : « Je suis étreint par la présence du Seigneur. Dans son souffle, Il m'enlace ; me voici dans la plaine. Elle est couverte d'ossements, nombreux et desséchés. À travers, en tous sens, Il me fait circuler. Puis Il me dit : "Homme, crois-tu qu'ils puissent vivre ?" et je réponds : "Seigneur, toi seul le sais." Il reprend : "Sur tous ces ossements, prophétise. Dis-leur : ossements desséchés, écoutez le Seigneur qui parle : Voici que je vous tisserai des nerfs, susciterai une chair, tapisserai d'une peau ; je vous animerai d'un souffle et vous vivrez : vous saurez que je suis le Seigneur." Comme il m'a été commandé, je prophétise, et pendant que je parle, une rumeur s'élève, le frémissement d'os qui s'articulent. Je regarde, et voici sur eux des nerfs, la chair paraît, la peau se tend ; mais il manque le souffle. "Homme que tu es, reprend-Il,

1. I Is, XI, 6-9.

prophétise à l'esprit. Prophétise et dis-lui : Ainsi parle le Seigneur Dieu : Viens, esprit, viens, des quatre vents ; souffle sur tous ces morts, et qu'ils vivent !" Comme il m'a été commandé, je prophétise. L'esprit les pénètre et ils vivent. Ils se dressent : grande, immense armée. Il reprend : "Homme, ces ossements, c'est tout le peuple d'Israël. Ils disent : Nous sommes desséchés. Notre espérance est morte ; oui, c'en est fait de nous. C'est pourquoi : prophétise et déclare-leur en mon nom : Fils de mon peuple, vos tombeaux, je les ouvre, et vous en ferai remonter ; je vous ramènerai sur le sol d'Israël, vous saurez que je suis le Seigneur."[1] »

Ce texte ne manque pas de souffle. Mais qui l'entend ? La télévision débite sa pub, la jeune mère tapote sur le clavier de son ordinateur en pensant à son petit, parqué à la crèche, les informations illustrent un monde chaque jour plus meurtri, la mécanisation du travail et les gains de productivité créent le chômage, l'Éducation nationale engloutit la quasi-totalité de la jeunesse dans ses immenses arsenaux du savoir à la carte, les églises se vident... Tout se délite, mais les responsables disent, comme dans la chanson, que tout ira mieux demain. Pour un peu ce serait les lendemains qui chantent ; et ce, grâce au progrès scientifique et technique, qui génère presque automatiquement le progrès économique et

1. Ez, XXXVII, 1-13.

social... C'est, tout au moins, ce qu'on raconte depuis un siècle...

Et la convivialité ? la justice ? la fraternité, depuis longtemps tombée des frontispices de la République ? la solidarité ? la spiritualité ? Soyons-en sûrs : ce vieux monde lézardé s'effondrera avant même que nous ayons le temps de nous en apercevoir, comme le fit précisément le marxisme. Nous serons surpris par la rapidité et l'intensité de la crise. Car la vie nouvelle, cette ville nouvelle décrite par l'Apocalypse viendra après la grande crise qui nous menace.

Qui croit encore aux progrès générés par la seule politique ? Qui n'aspire à un redressement moral, spirituel, humain ? J'aspire moi aussi aux lendemains qui chantent, mais ils me chantent une tout autre chanson : « Il faut que cet être corruptible revête l'incorruptibilité, et que cet être mortel revête l'immortalité. Quand cet être corruptible aura revêtu l'incorruptibilité et que cet être mortel aura revêtu l'immortalité, alors se réalisera la parole de l'Écriture : la mort a été engloutie dans la victoire. Mort, où est ta victoire ? Mort, où est ton aiguillon[1] ? »

1. Co, xv, 53-55.

CHAPITRE XI

Pour une histoire naturelle des religions

Le concept de religion est aujourd'hui négativement connoté par la modernité. Les religions furent de tout temps l'accès naturel à la transcendance, mais la modernité, d'inspiration individualiste, reconnaît désormais à chacun le droit de se frayer son propre chemin. Libérés du poids de règles et d'institutions ecclésiales souvent considérées comme obsolètes, la plupart s'estiment en mesure de gérer eux-mêmes leur propre existence en toute conscience. Chacun se fait, comme on dit, sa petite religion personnelle. Le temps où l'Église légiférait – et avec quelle sévérité ! – en matière de famille et de sexualité, appartient déjà au passé, du moins en Occident, ainsi qu'en témoignent de nombreux sondages d'opinions concordants. On ne conteste point aux Églises leur magistrature morale, mais on refuse toute règle normative et abstraite qui semble ne tenir aucun compte des cas particuliers. Oui, nous sommes bel et bien tombés dans cette fameuse « morale de situation » si fermement contestée par les hiérarchies.

À ce paysage nouveau, qui s'est entièrement transformé en une génération, est venu récemment s'ajouter l'intégrisme, notamment islamique, qui donne du fait religieux une image plus que négative, et ce, alors même qu'il n'y a pas deux décennies, l'islam exerçait un fort pouvoir de séduction sur l'intelligentsia occidentale (pouvoir aujourd'hui relayé par le bouddhisme). Cette dépréciation et les craintes qui l'accompagnent dans la conscience populaire font perdre de vue les valeurs de foi propres à toute grande religion universelle.

Il se trouve peu d'hommes, en vérité, pour jeter l'anathème sur les sources des grandes religions, notamment en Occident sur celles du christianisme. La personnalité de Jésus de Nazareth échappe à la vague contestataire. Pourtant, qui ne voit à quel point le bébé, en cette affaire, a été jeté avec l'eau du bain ! Le fort climat de suspicion qui frappe le christianisme (surtout catholique) atteint tout naturellement son fondateur : sans vraiment le contester, on le voue au silence. La modernité et les médias avec elle ont depuis belle lurette évacué de leur vocabulaire des mots comme « prier », « méditer », qui évoquent on ne sait quelle insignifiance de la pensée ou mièvrerie de la personnalité – verrait-on jamais un présentateur de télé demander à son invité : « Est-ce que vous priez ? » – quant aux « sacrements » ils évoquent vaguement la quincaille et l'odeur des sacristies, etc. Bref, le vocabulaire religieux est chimiquement incompatible avec la modernité, et plus encore avec ses porte-voix. Oubliée, cette belle réflexion de Montalembert : « Il y a de si beaux jours au début de toutes les entreprises ; ils ne durent point, grâce à l'infirmité lamentable des choses humaines. Mais il importe de les honorer toujours ; ce sont les fleurs du printemps. L'histoire n'a pas de mission plus salutaire que de nous en faire respirer le parfum. » Or, chacun peut le constater, l'histoire contemporaine se garde bien de nous faire respirer les parfums des temps évangéliques et apostoliques.

La décote du religieux par rapport à l'individualisme emblématique de la modernité s'explique en partie par une insuffisante analyse de la réalité qu'il recouvre. Celui-ci nous conduit en effet vers une réalité au-delà des réalités immédiatement perceptibles. Une réalité en quelque sorte d'outre-science, que laissent toutefois entrevoir les nouveaux paradigmes de la physique quantique et de l'astrophysique. Dans toute religion constituée, cette réalité est la transcendance : l'Être, comme aiment à le nommer les philosophes anglo-saxons (car le mot Dieu est aussi mal connoté que les autres termes du lexique religieux). C'est vrai du christianisme, du judaïsme et de l'islam, les trois religions monothéistes ; ce l'est moins du bouddhisme, où la notion explicite de Dieu est absente ; dans l'hindouisme, la transcendance est atteinte par des voies multiples ; de surcroît, les religions de l'Inde ont vu leurs dogmes évoluer par assimilation de matériaux nouveaux ou étrangers qui confèrent à leur panthéon une sorte de dynamique passablement étrangère à leurs homologues d'Occident.

La conservation et la transmission d'un message révélé n'en demeurent pas moins l'objectif fondamental des grandes religions ; leur but est d'ouvrir le cœur de l'homme à la transcendance, de le greffer en quelque sorte sur cette transcendance. Tel est bien le sens du mot latin *religare*, relier. La religion rassemble les individus en une communauté de croyance ; les rites qu'elle impose sont la manifestation de ce lien qui fait d'une foule un peuple, mais, dans le même temps, la religion « relie » ce peuple avec la ou les divinités : elle est donc, au sens étymologique du terme, « source de liens ». À cette définition de Lucrèce s'en ajoute une autre, de Cicéron, où religion dériverait cette fois de *relegere*, relire. Ici, le mot nous invite à relire les textes fondateurs et, sans doute, à relire simultanément les informations concernant le réel, afin d'en élargir le sens, de mieux comprendre l'univers, bref, de faire œuvre de philosophe et de scientifique. Cette seconde définition évoque la maïeutique grecque, la « manducation » de la parole, et la pratique de l'oraison en vigueur dans les monastères de contemplatifs.

Mais les religions ne sont pas seulement des entités spirituelles. À travers l'histoire, toutes se sont moulées dans des institutions humaines souvent puissantes et puissamment conservatrices. Or, si le lien particulier d'un croyant à sa religion se noue au cœur d'une conscience et échappe par là à la sagacité de l'observateur, il en va tout autrement de l'institution elle-même, omniprésente, sécurisante ou dérangeante selon le regard qu'on porte sur elle. Ces institutions ont beau être religieuses, elles n'échappent en rien aux lois communes qui régissent la naissance, le mode de fonctionnement, la sénescence, voire la mort des institutions humaines.

Mais voici des propos qui risquent de paraître provoquants. L'auteur, épris de simplicité et de sincérité, en appelle ici d'emblée à la complicité du lecteur et à son indulgente sympathie. Il n'est pas question, dans ce qui va suivre, d'agresser le moins du monde qui que ce soit, mais bien d'élargir la réflexion afin de mieux comprendre les multiples facettes du fait religieux, notamment à la lumière des récents apports de l'écologie.

L'étrange et profonde communauté de destin qui lie tous les êtres vivants – plantes, animaux, hommes – a peu à peu suscité, au cours des dernières décennies, de nouvelles prises de conscience. Ainsi ont pu être mises en évidence de saisissantes analogies de mœurs et de comportements entre les différentes sociétés que ces êtres forment entre eux : sociétés animales, sociétés végétales et sociétés humaines.

On tentera ici une sorte de parallèle entre l'évolution historique du judéo-christianisme et celle des sociétés végétales. Ce parallèle mettra en évidence, par le jeu des analogies, des homologies et des métaphores, certains rapprochements profondément suggestifs[1]. Ceux-ci confirmeront l'appartenance manifeste des Églises à la communauté des institutions humaines. Car si le message qu'elles véhiculent est transcendant, le messager, lui, ne l'est pas. En tout cas, pas toujours : comme en témoigne toute leur histoire, les Églises portent le lourd fardeau de leur passé et de leur humanité.

Par ses vicissitudes et rebondissements multiples, l'histoire du judéo-christianisme illustre de manière saisissante les mécanismes fondamentaux de l'évolution. Encore convient-il de préciser d'emblée qu'il s'agit ici de micro-évolution, celle qui s'exerce selon les principes darwiniens au niveau des espèces et au sein d'une même lignée évolutive, à l'exclusion des phénomènes encore inconnus qui sont à l'origine de la macro-évolution, c'est-à-dire de la production des grands types biologiques formant les embranchements. Or, ces mécanismes de la micro-évolution s'accomplissent selon des processus fort peu différents selon qu'ils s'appliquent aux sociétés végétales, animales ou humaines. L'homologie entre les trois règnes est ici frappante. Dans tous les cas, ce sont des phénomènes du même ordre qui se produisent, mettant en œuvre des mécanismes

1. Cette démonstration a déjà été amorcée dans *La Vie sociale des plantes*, Fayard, 1984.

classiques dont la plupart des biologistes s'accordent aujourd'hui à considérer qu'ils jouent un rôle important dans l'évolution des espèces : mutation, hybridation, sélection naturelle, isolement. Par le jeu successif ou simultané de ces mécanismes, les sociétés évoluent ; des espèces nouvelles apparaissent ; d'autres, au contraire, s'éteignent. Et ce, à tous les niveaux de la vie, de la plante à l'homme.

Si l'exemple du judéo-christianisme est particulièrement probant, comme on va le voir, c'est d'abord parce qu'il fait partie intégrante de notre culture, offrant à ce titre des points de repère historiques auxquels il est aisé de se reporter, quels que puissent être par ailleurs les convictions et choix personnels de chacun. De surcroît, cette histoire s'étend sur un temps suffisamment long – près de quatre millénaires – pour qu'il soit possible d'y discerner des processus et phénomènes universels qui évoquent de manière frappante les mécanismes de formation et de diversification des espèces.

Mais de quelles espèces s'agit-il donc ici ? En fait, ce sont des espèces bien différentes de celles que manipulent et décrivent les biologistes. Ces dernières sont des espèces biologiques ; les autres, des « espèces sociales ». Les unes sont donc des espèces naturelles ; les autres, des « espèces culturelles », ou plus précisément, dans l'exemple que nous avons choisi de développer, « spirituelles ».

Chaque individu pratiquant adhère, au moins en principe, à un ensemble de croyances qui s'expriment dans des rituels et des pratiques caractéristiques de l'« espèce spirituelle » à laquelle il appartient. Mais cette adhésion s'accompagne toujours d'une certaine marge individuelle de liberté – il y a des nuances dans la pratique et dans la croyance – représentant ces fameuses fluctuations qui, au sein de toute population, différencient et individualisent chacun de ses membres. La preuve en est que, pour des « espèces spirituelles » qui nous concernent ici, leurs spécimens les plus hautement représentatifs, les saints, sont tous différents : chacun a sa propre histoire, son aventure humaine, ses charismes, au point qu'on a pu dire à leur sujet que « Dieu ne se répète jamais » et que chacun d'eux est un « autographe de Dieu ».

Si, comme les définissait le botaniste hollandais De Vries, les mutations sont des phénomènes brutaux, transmissibles à la descendance et à la base de la formation de nouvelles espèces, c'est bien par un phénomène répondant à ces critères que débute le judéo-christianisme : l'appel de Dieu à Abraham, son départ d'Ur en Chaldée, son installation au pays de Canaan marquent le point de départ d'une nouvelle espèce dont, selon la promesse divine, les fils seront aussi innombrables que les étoiles du ciel ou les grains de sable au bord de la mer... Voilà bien une mutation dont la descendance se révéla, de fait, extraordinairement féconde, puisque la postérité d'Abraham (juifs, chrétiens, musulmans confondus) représente environ la moitié des habitants de la planète.

L'histoire du peuple juif, que l'on suit tout au long de l'Ancien Testament sur près de deux millénaires, atteste d'une fidélité exceptionnelle, malgré mille avanies, à la promesse faite à Abraham et à la Loi remise à Moïse au Sinaï. Rien ne peut détourner le peuple juif de sa fidélité à l'alliance conclue avec Yaveh : c'est l'honneur du judaïsme d'avoir su maintenir, envers et contre tout, à travers près de quatre mille ans d'histoire, l'intégrité de son patrimoine spirituel, aussi immuable et invariant que s'il avait été biologiquement programmé par des gènes. D'ailleurs, pour un juif croyant, la loi mosaïque est bien le code de référence fondamental auquel il adhère, qui détermine tous ses comportements et tous ses actes, aussi bien dans l'ordre personnel que dans la vie collective. Comme chaque espèce animale ou végétale déterminée par son code génétique, le judaïsme est régi par un code juridico-éthique rigoureux dont on pourrait dire que chaque article correspond à un gène – un gène susceptible de subir une mutation.

Implanté jusqu'au début de notre ère en Palestine, modeste lambeau de terre parallèle à la Méditerranée, le peuple juif présente toutes les caractéristiques d'une espèce endémique, c'est-à-dire étroitement localisée dans un espace réduit, sans réelle possibilité de diffusion et d'expansion. Il existait bien quelques colonies juives dans les villes du pourtour de la Méditerranée, mais elles étaient largement minoritaires. Après la chute de Jérusalem et la destruction du Temple en 70, commence le temps de la diaspora. Les juifs se dispersent alors de par le monde, sans perdre pour autant le sens de leur appartenance religieuse et de leur identité nationale. Après une phase endémique en Palestine, une phase panchronique[1] la relaie.

Avec le palmier des Seychelles d'abord, avec le ginkgo ensuite, la nature nous donne deux modèles démonstratifs de chacune de ces phases. Il s'agit de deux espèces très anciennes, aux possibilités évolutives très faibles, mais largement susceptibles d'acclimatation par suite d'interventions humaines (comme le judaïsme lui-même). La première, le palmier, représente une espèce typiquement endémique, reléguée sur trois îlots de l'archipel des Seychelles, et dont le pouvoir de dissémination spontanée est pratiquement nul, car ses énormes graines coulent à pic dans la mer. Le « prosélytisme » de ce palmier est aussi faible que celui de la nation juive dans la première phase de son histoire, qui n'a jamais cherché à se propager ni à se répandre. Car un Juif ne cherche pas à convertir. Nombreuses sont aujourd'hui encore les ethnies anciennes localisées sur des territoires exactement délimités et dont les traditions se transmettent de génération en généra-

1. Caractéristique des espèces qui maintiennent leurs caractères pendant des temps très longs et semblent défier l'évolution.

tion, le plus souvent par voie orale, pratiquement inchangées depuis des millénaires. Tel fut le sort du judaïsme rivé à la Terre promise (hormis durant l'exode en Égypte et la déportation à Babylone pendant les deux premiers millénaires de son histoire).

Plus étrange est le fait que l'éclatement de l'État hébreu et la constitution de la diaspora n'aient pas déclenché un phénomène de « radiation évolutive » (c'est-à-dire un éclatement en espèces multiples adaptées à la diversité des nouveaux milieux de vie), et que la foi des fils d'Israël n'ait pas dévié d'un iota, quelle que fût la terre sur laquelle ils émigrèrent. On songe alors à ces rares espèces qui semblent défier l'évolution en demeurant infiniment et indéfiniment identiques à elles-mêmes, tandis qu'ailleurs tout change et que la vie va son chemin : les panchroniques, précisément, tel le fameux ginkgo dont le destin évoque lui aussi curieusement celui du peuple juif. Strictement localisé aujourd'hui encore sur une infime portion du territoire chinois où il formerait, croit-on, ses dernières populations naturelles, cet arbre a ensuite été artificiellement disséminé par l'homme dans le monde entier. Le ginkgo, aux magnifiques feuilles jaune d'or en forme d'éventail, est le plus ancien de tous les arbres, puisqu'on le trouve déjà dans des fossiles de l'ère primaire, pratiquement identique à celui que nous connaissons aujourd'hui. Hermétique à toute évolution, mais sans perdre pour autant une assez forte capacité compétitive, il est aussi l'un des arbres les plus résistants à la pollution, donc les mieux adaptés aux perturbations de l'ère industrielle. Aussi le plante-t-on actuellement comme arbre d'alignement dans les villes : l'on peut admirer de superbes ginkgo dans les artères les plus passantes de Manhattan. New York, ville du ginkgo et première ville juive du monde ; New York où le ginkgo tient la rue et la communauté juive le haut du pavé : simple coïncidence ? Espèce à l'origine strictement et étroitement localisée, disséminée ultérieurement sous les cieux les plus divers, conservant un fort pouvoir de compétitivité malgré son extrême ancienneté, et de bonne faculté d'adaptation en milieu artificiel, c'est-à-dire en culture, rebelle enfin depuis plus de trois cents millions d'années à toute évolution biologique, l'arbre aux cent écus (telle est son appellation populaire) évoque étrangement bien des traits attribués au judaïsme au fil de sa vieille et douloureuse histoire.

Mais, subitement, au sein de ce judaïsme aux caractères fixés, une nouvelle mutation se produit, et de taille : l'apparition du Christ. La biologie nous enseigne qu'une mutation atteignant le patrimoine héréditaire d'une cellule ne peut se transmettre à la descendance que si la cellule mutée est capable de se diviser, donc de transmettre la mutation à d'autres cellules, notamment aux cellules sexuelles. Nous voici fort loin, semble-t-il, du Christ dont on ne sache pas qu'il ait eu des enfants ! Mais les « espèces culturelles » ou « spirituelles » se propagent selon leurs lois propres, entre autres par le prosélytisme, hors de toute descendance biologique.

Pour autant que l'on puisse se permettre de considérer Jésus comme un « mutant », notons d'abord que la transmission de la mutation faillit bel et bien échouer ; car il est clair que si le monstrueux infanticide perpétré par Hérode le Grand avait réussi, le christianisme n'aurait jamais vu le jour. Mais Jésus échappa au tyran. Notons ensuite que la mutation étant de l'ordre de l'esprit, il convient de prendre ici le mot dans son acception sociale, la plus courante à vrai dire, que nous employons chaque fois que nous parlons de nos sociétés « en mutation » ! Or, la mutation chrétienne fut transmise par la parole, par le Verbe dont le prologue de l'Évangile de Jean nous rappelle qu'il était dès le commencement auprès de Dieu.

Pourquoi les mécanismes de sélection naturelle qui tendent sans cesse à conserver les individus et les espèces les plus compétitifs ou les mieux adaptés, au détriment des autres, favorisèrent-ils à ce point le jeune christianisme : qui le dira jamais ? Le croyant verra là un secret de Dieu. Car on a trop oublié que le Christ n'était que l'un des innombrables prophètes qui faisaient florès à l'époque, surgissant au sein du peuple juif, s'entourant de disciples, attirant les foules, les exhortant dans un climat de fermentation et de ferveur particulièrement exacerbées. L'histoire a oublié leurs noms et leurs œuvres, qui ne s'inscrivent plus que dans les études savantes de quelques spécialistes. L'effervescence du peuple juif humilié dans sa dignité nationale par la toute-puissance de Rome suscitait d'innombrables sectes à vocation politico-religieuse. Bref, nombreuses étaient les nouvelles « espèces » en germe aux marges de l'Empire !

Ce processus d'élaboration de nouvelles espèces se produisait conformément à la fameuse théorie de l'« évolution par les marges » : c'est là, en effet, que se forment des « isolats » actifs, petits groupes de population qui se détachent de la population dominante et forment des minorités agissantes dont l'une finit par l'emporter, éliminant les formes nouvelles apparues simultanément et finissant par remplacer les anciennes au sein desquelles elles ont vu le jour. Tel fut bien le cas du christianisme. Car seul demeure, dure et perdure, sans que nul n'ose vraiment le critiquer au fond, le message du Christ. N'est-il point le seul à avoir réussi, dans toute l'histoire de l'humanité, cette performance unique d'avoir, quelques décennies après une mort ignominieuse qui parut sanctionner son échec total, suscité d'innombrables disciples qui voyaient en lui non plus seulement un homme, mais un Dieu, et ce, bien que lui-même ne se fût jamais explicitement proclamé tel (il s'affirmait plus humblement « fils de Dieu »). Certes, la Rome antique déifiait l'empereur après sa mort ; mais celui-ci était le chef, non un gueux crucifié. De surcroît, nul n'y croyait trop...

On peut imaginer pourquoi la sélection favorisa à ce point le christianisme au détriment des religions antiques : celles-ci ne pouvaient donner de la condition humaine qu'une interprétation profondément pessimiste qui s'incarne au mieux dans la tradition stoïcienne, au pire dans le spectacle de la décadence romaine. On se souvient du propos désabusé d'Aristote disant de l'homme qu'il eût mieux valu, pour chacun, n'être point né, et que, cet événement s'étant produit, mieux valait que sa vie fût la plus brève possible. En vérité, les anciens Grecs ou Romains ne croyaient guère aux dieux anthropomorphiques de leur mythologie, créés à leur ressemblance, à l'inverse du Dieu d'Israël dont les juifs assuraient qu'Il avait au contraire créé l'homme à sa propre image.

Comme toute espèce nouvelle, le christianisme commença à s'implanter aux franges de l'Empire. Son influence s'exerça d'abord sur les couches les plus défavorisées de la société, allégeant le statut moral des esclaves et des femmes, convertissant les barbares et minant les bases de l'État jusqu'à provoquer son effondrement. Le message nouveau répondait sans doute à l'attente inconsciente d'un monde dans lequel il connut une expansion quasi épidémique ; aucune des grandes vagues de persécutions ne put en venir à bout : il était, au sens exact du terme, une « Bonne nouvelle ».

En quelques siècles, le christianisme se répand ainsi dans tout l'Empire. Si le judaïsme, par sa faible compétitivité et son fort conservatisme, évoque le cocotier des Seychelles, c'est au cocotier tout court – toute révérence gardée ! – que fait songer la nouvelle religion. L'arbre, originaire des îles du Pacifique, a en effet conquis les littoraux de toute la ceinture intertropicale du globe. Car ses noix, à l'inverse de celles de son cousin des Seychelles, ont, grâce à leur revêtement fibreux, la capacité de nager et de parcourir les océans. Ainsi va le cocotier d'îlot en îlot et de plage en plage : la noix le véhicule et le propage avec un zèle comparable à celui de saint Paul, navigateur audacieux et zélateur convaincu de la foi chrétienne.

Sous Constantin, la nouvelle espèce a déjà gagné tout le monde romain. Mais elle a aussi subi de multiples influences. Débordant largement le cadre étroit du judaïsme au sein duquel elle a pris naissance, elle rencontre la pensée grecque et s'« hybride » plus ou moins avec elle, en ce sens qu'elle la « baptise » tout en intégrant certaines de ses valeurs : le message évangélique subit alors l'influence de l'idéalisme platonicien – notamment avec saint Augustin – et du dualisme, contenant en germe le manichéisme et sa fameuse opposition entre la chair et l'esprit, si profondément étrangère à la pensée juive et à ses toutes premières sources. En même temps, la nouvelle religion se coule dans le cadre juridico-administratif du droit romain, et l'on voit les Pères de l'Église s'évertuer à définir et délimiter les contours de l'espèce, tant sont nombreux et menaçants les risques de contamination et d'hybridation susceptibles de corrompre la pureté initiale du message. Les conciles succèdent aux conciles, chacun s'attachant à préciser davantage les caractères de l'espèce nouvelle, tout comme le font les botanistes quand ils décrivent une espèce et délimitent les « frontières » qui la distinguent de ses voisines. La sélection joue alors à plein : les hybrides que la nouvelle foi produit avec d'autres croyances, les mutants qui surgissent çà et là en son sein sous l'influence de zélateurs inspirés, sont systématiquement éradiqués sous l'appellation d'hérésies. Les conciles se livrent à un épuisant travail de « désherbage » en vue de préserver la nouvelle espèce de tout gène étranger. Pendant la longue histoire du catholicisme romain, ils jouèrent ainsi le rôle d'horticulteurs à qui eût été dévolue la mission de prémunir contre tout risque de contamination génétique les caractéristiques initiales de l'espèce, d'éviter que des pollens extérieurs ne viennent en altérer, par quelque fâcheuse et illégitime hybridation, la pureté initiale. Ainsi se trouvèrent successivement bannis le docétisme, qui ne voyait dans le corps du Christ qu'un corps céleste qui n'aurait donc pas souffert et ne serait mort qu'en apparence, puis l'arianisme, plus tardif, doctrine du prêtre alexandrin Arius qui contestait l'égalité du Père et du Fils, sans oublier le montanisme, le martionisme, le manichéisme et le donatisme, toutes doctrines ayant comme point commun une rigueur accrue, en particulier en matière de continence, et prônant une morale plus sévère que le jeune christianisme, pourtant déjà fort rigoureux. Exemple précoce du balancement entre le réalisme pragmatique et le rigorisme doctrinal qui marquera toute la vie de l'Église. À chaque époque ses intégristes !

Mais voici que la nouvelle religion connaît brusquement, sur son flanc sud, l'irruption d'un compétiteur extraordinairement brutal : l'islam. En moins d'un siècle, celui-ci remplace les communautés chrétiennes d'Afrique du Nord et d'Espagne avec la rage compétitive des plantes les plus conquérantes et les plus envahissantes. La comparaison avec la jacinthe d'eau s'impose d'emblée. Cette plante aquatique est la reine des envahisseuses ; venue d'Amazonie, elle ne mit guère plus de temps pour occuper les rivières, lacs et plans d'eau de toutes les zones intertropicales du monde, ne laissant jamais la moindre chance à une autre espèce aquatique de se maintenir à ses côtés. L'islam se répandit de manière analogue : au galop de ses cavaliers, hardis et fiers conquérants, qui n'hésitaient pas à passer au fil de l'épée quiconque avait le front de vouloir contenir sa poussée historique. Si le christianisme à ses débuts s'est imposé par la non-violence, à la manière des noix de coco paisiblement disséminées à la surface des eaux et en ne croisant le fer avec personne, l'islam, au contraire, eut l'efficacité sauvage de la jacinthe d'eau, incroyablement prolifique et conquérante – d'où les populations pures dont elle offre généralement le spectacle après élimination de tous ses compétiteurs, à la manière des ayatollahs !

Ainsi l'islam reste-t-il aujourd'hui encore une « espèce » en pleine expansion et de grande vitalité, où surgissent çà et là des foyers épidémiques virulents, produisant de vastes turbulences. Mais il faut répéter une fois encore que cette « espèce » puissante et conquérante, solidement implantée dans le vieux monde, a su créer une communauté de foi et de prière unique au monde. L'arbre de minorités exaltées ne doit pas nous cacher cette superbe forêt.

Voici donc le christianisme éliminé d'Afrique à l'exclusion de quelques îlots miraculeusement préservés de l'invasion des cavaliers arabes. Ces îlots « relictuels » (coptes, arméniens, maronites) évoquent la flore des tourbières, vestige, en Europe tempérée, de l'époque glaciaire et dont l'habitat naturel se situe aujourd'hui bien plus au nord.

La position du christianisme n'est guère plus brillante en Europe même où les grandes invasions venues du Nord et de l'Est menacent son unité en même temps qu'elles achèvent de disloquer la cohésion territoriale de l'Empire romain, éclaté depuis le IVe siècle entre deux pôles : Rome et Byzance. La déliquescence de l'empire d'Occident, l'insécurité, l'isolement réduisent et limitent les contacts avec l'Orient ; les liens se relâchent, les rapports se distendent. Entre le pape et le patriarche de Constantinople, des querelles éclatent ; le brassage des hommes et des idées se fait mal et ne permet plus une diffusion homogène des informations. Bref, Rome et Byzance évoluent désormais chacune pour son propre compte et dans son propre environnement culturel. Il est dès lors inévitable que les divergences s'aggravent et, au début du deuxième millénaire, les différences constatées dans l'expression de la foi, son contenu, ses rites, ses pratiques, sont telles que le schisme est consommé en 1054. Le christianisme a éclaté en deux « espèces » : la catholique à Rome, l'orthodoxe à Byzance.

Le mécanisme de l'isolement, si caractéristique de la formation des espèces, a joué ici à plein, donnant le jour à un couple d'espèces voisines qui s'excluent mutuellement, chacune sur son territoire propre, et qui possèdent chacune leur patrimoine, en l'occurrence leurs rites, leur culture, leurs croyances, leurs traditions. Si l'interfécondité reste bien en biologie le critère ultime d'appartenance de deux individus à une même espèce, l'excommunion du patriarche de Constantinople, Michel Cédulaire, par les légats du pape, et réciproquement, en interrompant l'intercommunion entre les deux Églises, fit tomber entre le catholicisme romain et l'orthodoxie une barrière culturelle presque aussi stricte que les barrières génétiques qui empêchent des individus d'espèces voisines de s'interféconder.

L'histoire de l'évolution nous fournit de nombreux exemples de ces phénomènes d'isolement qui séparent des espèces initialement uniques en espèces voisines, mais distinctes les unes des autres. Ce processus a joué pour la plupart des espèces qui peuplaient l'Ancien Monde lorsque commença à se creuser, il y a en gros trente millions d'années, l'océan Atlantique. La plupart de nos arbres fruitiers, les hêtres, les chênes, les platanes, virent alors leur aire de répartition séparée en deux par un fossé marin de plus en plus large. Ces arbres se mirent donc à évoluer séparément de part et d'autre de cette barrière d'isolement, et finirent par donner des espèces différentes, formant des « couples séparés » tels qu'on en rencontre entre l'Europe et l'Amérique du Nord. Le cas du platane est significatif, puisque l'on décrit traditionnellement un couple formé du platane d'Orient, répandu à l'état naturel de l'Asie Mineure à l'Himalaya, et du platane d'Occident, répandu spontanément du Mexique au Canada. Tandis que le premier correspondrait à l'orthodoxie, le second serait plutôt d'obédience catholique... Mais ils ont été réhybridés entre eux et abondamment plantés dans de nombreuses régions, l'homme venant en quelque sorte brouiller les pistes de la nature et pratiquant un « œcuménisme biologique » plus efficient que l'autre ! Ces deux platanes forment ce que les biologistes appellent un couple de « vicariants » (le mot dérive de *vicarius*, le remplaçant ou vicaire). Les deux espèces du couple se remplacent en effet mutuellement sur leurs territoires respectifs, occupant des niches écologiques équivalentes. On rencontre de même, dans les deux espèces de christianisme désormais séparées, de tels vicariants : un saint François d'Assise trouve par exemple son équivalent (son vicariant) dans l'orthodoxie en la personne d'un saint Séraphin de Sarov ; ce dernier fut aussi un moine célèbre et un saint ermite aux charismes multiples, parlant aux plantes et aux animaux et apprivoisant les ours de la forêt de Sarov comme saint François apprivoisa le loup de Gubbio...

Après le schisme, la Réforme : voici le catholicisme romain à son tour menacé, puis victime d'une nouvelle scission. Les Luther, les Calvin, nouveaux mutants, se séparent de l'espèce mère à laquelle ils appartiennent et engagent un processus évolutif qui ne va pas sans évoquer, par certains aspects, l'histoire de la spartine d'Angleterre. Cette herbe vivace des vases littorales est la seule espèce sauvage née à l'époque moderne, quasiment sous nos yeux, et dont on a pu parfaitement reconstituer l'origine et l'histoire. En moins d'un siècle, elle a pratiquement réussi à éliminer les deux autres espèces de spartine qui colonisaient avec elle les vases littorales de l'Atlantique et de la Manche, et dont elle est un hybride. Cet hybride bannit avec une ardeur incroyable, sur de vastes territoires, les deux spartines dont il dérive, tout comme le firent Calvin et Luther du catholicisme dont ils étaient issus, évacué lui aussi d'amples zones, notamment anglo-saxonnes, où la religion réformée le supplante complètement. On songe aussi à Henri VIII qui n'hésita pas à fonder l'anglicanisme en se séparant de Rome. Toujours en

Europe du Nord, la manière dont les bouleaux et les pins remplacent les landes à callune (une sorte de bruyère), illustre ces phénomènes de substitution par compétition qui intervinrent aux grandes heures de la Réforme et modifièrent si radicalement la carte religieuse de l'Europe. Mais, faute d'une instance commune, sélective et conservatrice comparable à celle de Rome, les Églises issues de la Réforme connurent un foisonnement et un bourgeonnement – on dirait en biologie une « radiation évolutive[1] » – particulièrement intenses. D'innombrables et diverses espèces de protestantisme virent alors le jour, notamment aux États-Unis, chacune représentant une forme nouvelle d'un christianisme devenu désormais aussi riche en espèces séparées que peut l'être une grande famille botanique.

Le récit analogique de ce développement historique manifeste spectaculairement que les Églises sont des sociétés humaines lourdes d'histoire, et, par là même, répondent aux lois générales qui président à toutes les manifestations de la vie dans les trois règnes : ici, les lois fondamentales de l'évolution sont aussi celles de l'histoire des sociétés. On en vient alors tout naturellement à considérer comme « normaux » le poids et les séquelles d'un passé qui obère parfois si lourdement la barque de Pierre ou le croissant de l'islam. Un poids historique en forme de sédimentations

1. Évolution rapide et divergente, multipliant en peu de temps le stock d'espèces issues d'une même souche.

successives, accumulées de siècle en siècle, qui donne aux Églises leur visage si complètement et tristement humain. Cette prise de conscience lucide et réaliste est indispensable à qui prétend scruter l'avenir et entrevoir les perspectives positives qui s'offrent aux Églises d'Occident.

Mais, à nouveau, une question se pose : peut-on construire ? N'est-il pas trop tard ? Et, si oui, que construire sur un passé aussi obéré de querelles et d'impasses historiques ?

À la première question, la réponse est simple : évidemment oui, dès lors que l'essentiel fut toujours préservé, à savoir la transmission fidèle du message révélé. À la seconde question, la réponse, en cette fin de millénaire, s'impose d'elle-même : un édifice qui se relève des sédiments de l'Histoire et manifeste l'unité et la communion des chrétiens dans un œcuménisme élargi aux dimensions de la planète entière.

CHAPITRE XII

Les religions ont-elles un avenir ?

Nous venons de proposer un récit quelque peu singulier des méandres évolutifs qui caractérisèrent l'évolution du judéo-christianisme. Nous nous sommes néanmoins bornés à présenter un squelette auquel manque la chair du réel pour se confondre avec la réalité historique. Il eût fallu évoquer les grandes persécutions de Dèce et de Dioclétien, mais aussi celles des nazis contre les Juifs ; les invasions barbares et les mille et un remous qui agitèrent la papauté au premier millénaire ; les rivalités qui aboutirent au grand schisme d'Occident, mais aussi les fureurs belliqueuses des guerres de religion, etc. – bref, une histoire elle aussi très humaine, faite d'incompréhensions, de compétitions violentes, d'affrontements douloureux, d'ambitions sanglantes, de guerres fratricides. Autant de soubresauts et de péripéties qui donnent du relief à cette trame que nous avons développée sur le modèle du verdict de l'écologie et de la biologie.

Écrasée par une aussi longue histoire, l'Église romaine offre le spectacle contrasté d'un appareil institutionnel d'une extrême rigidité et d'une « base » muette mais vivante. Rome inspire un diagnostic de raidissement, donc de sénescence ; mais, aux yeux de qui parcourt l'Afrique ou les Amériques, de jeunes rameaux croissent et fleurissent ici et là.

Après l'espérance suscitée par Vatican II, l'Église n'est pas parvenue à secouer le poids des ans et a été en quelque sorte rattrapée par son passé. Dès lors allait se consommer un franc divorce avec la modernité. Une telle situation est-elle irréversible ? L'avenir seul le dira ; mais il est d'ores et déjà possible d'entrevoir les chances du futur.

À l'aube du troisième millénaire, c'est à un double mouvement que l'on souhaiterait voir s'employer l'Église. D'abord, un authentique retour aux sources qui rendrait obsolètes telles ou telles pratiques glanées au fil de son histoire et conservées comme des vérités révélées. On songe par exemple au célibat forcé des prêtres, à l'interdiction frappant l'ordination d'hommes mariés, à l'accueil des personnes divorcées, aux positions inflexibles sur la contraception, avec toutes les souffrances qui en découlent – bref, à cette raideur institutionnelle, intransigeante et douloureuse, à ce manque d'humanité et de miséricorde manifestés en tant de circonstances. Peut-on imaginer l'institution plus respectueuse des épreuves et des souffrances des hommes ? Hélas, la compassion, la bonté, la miséricorde n'ont jamais été les vertus cardinales des institutions. Faut-il rappeler à celle-ci que le christianisme est la seule religion où un Dieu devenu homme et ami de l'homme, s'est approché tout près de nous dans sa profonde humanité ? Comme le dit François Mauriac, cité par Roger Bichelberger, « l'Église est une vieille tuyauterie rouillée, mais l'eau passe. Pour un abbé Pierre, un Maximilien Kolb et pour tant d'autres, l'eau est manifestement passée[1]... »

Revenir aux sources ne consiste pas à remonter le courant d'un rapide à un autre en vue de retrouver le jaillissement premier. Il suffit tout simplement – les groupes charismatiques, heureusement dits de « renouveau », y parviennent fort bien – de retrouver l'allant et l'allégresse des premières communautés chrétiennes vouées à la célébration du Christ ressuscité. Les charismes s'y exprimaient librement dans leur variété, et les célébrations s'achevaient par de fraternelles agapes. Ainsi se constituaient des communautés fortes et rayonnantes. Quel contraste avec tant d'assemblées somnolentes, tant de médiocres cantiques qui sont au grégorien ce que la mare est à la mer !

Revenir aux sources, c'est rebâtir des communautés authentiques et fraternelles, conviviales et communiantes, dans nos paroisses exsangues, en égale carence de prêtres et de fidèles. N'est-ce pas

1. Roger Bichelberger, *L'Unité maintenant*, Albin Michel, 1993.

ce dont notre monde, crevant de solitude, a le plus grand besoin ?

Mais restructurer une institution en lui redonnant de la chair et du sang, comme à ces squelettes apparus à Ézéchiel lors de sa célèbre vision et qui se dressèrent, à nouveau revêtus de muscles et de nerfs, ne suffit pas. C'est la communauté chrétienne tout entière qu'il convient de revivifier. En songeant aux autres Églises, à toutes celles qui, ensemble, forment l'Église.

Les religions qui n'ont cessé « de se poser en s'opposant » – et avec quelle agressivité ! – doivent retrouver le chemin de l'unité : unité pour tous les chrétiens au sein d'une Église à nouveau indivise ; communion en Abraham au sein de la grande famille monothéiste ; enfin, convivialité partagée avec toutes les religions de la terre. Tel pourrait être le programme fabuleusement ambitieux et pourtant on ne peut plus réaliste à fixer au troisième millénaire.

Pour restaurer cette unité, la rendre à nouveau possible, il convient d'abord de méditer le message « biologique » qu'on vient de développer et qui trouve ici sa raison d'être. Résumons : le mouvement évolutif des « espèces spirituelles » s'accomplit selon les lois qui président aussi au développement des espèces biologiques. Nous avons constaté que ce mouvement est également lisible dans l'histoire des Églises qui, de ce point de vue, n'échappent pas aux lois fondamentales de la vie. Il n'est donc nullement surprenant de constater la mosaïque de confessions et de croyances que représentent les multiples Églises au sein du christianisme. Si l'écologie discourt généreusement sur la diversité, notamment sur la « biodiversité » qui exprime la richesse de la vie, répartie en une mosaïque d'espèces concourant toutes aux équilibres des écosystèmes, pourquoi s'étonnerait-on de la « sociodiversité » qui peuple la terre d'ethnies, de cultures, de nations, d'églises, bref, d'une multiplicité d'entités et d'institutions différentes ? Cette multiplicité des cultures, des ethnies, des nations et des religions humaines dessine une géographie sociale aussi riche que la biogéographie et la diversité biologique.

Les corps inanimés n'échappent pas non plus à la règle de la diversité : les astrophysiciens ont été surpris par les photos rapportées des explorations spatiales telles que *Voyager I* et *Voyager II*, qui ont parcouru la totalité du système solaire à l'exclusion de Pluton et ont ramené des planètes et de leurs satellites des images très différentes d'un objet à l'autre, offrant une palette d'une variété insoupçonnée. On a ainsi découvert que chaque objet céleste, planète ou satellite, a ses particularités, sa physionomie propre, son identité. On a dès lors convenu d'ajouter à la biodiversité et à la sociodiversité une « cosmodiversité » jusque-là inaperçue. « Cosmodiversité », « biodiversité », « sociodiversité » : voilà la matière, la vie, l'esprit soumis à la même loi. Car, comme l'évolution, la diversité est une loi de l'Univers. Elle est partout à l'œuvre, jusque dans la Bible à travers l'épisode bien connu de la tour de Babel.

Le livre nous le relate en ces termes : « La terre entière se servait de la même langue et des mêmes mots. Or, en se déplaçant vers l'Orient, les hommes découvrirent une plaine dans le pays de Shinéar et y habitèrent. Ils se dirent l'un à l'autre : "Allons ! Moulons des briques et cuisons-les au four." Les briques leur servirent de pierres et le bitume leur servit de mortier. "Allons ! dirent-ils, bâtissons-nous une ville et une tour dont le sommet touche le ciel. Faisons-nous un nom afin de ne pas être dispersés sur toute la surface de la terre." Le Seigneur descendit pour voir la ville et la tour que bâtissaient les fils d'Adam. "Hé, dit le Seigneur, ils ne sont tous qu'un peuple et qu'une langue, et c'est là leur première œuvre ! Maintenant, rien de ce qu'ils projetteront de faire ne leur sera inaccessible ! Allons, descendons et brouillons ici leur langue, qu'ils ne s'entendent plus les uns les autres !" De là, le Seigneur les dispersa sur toute la surface de la Terre et ils cessèrent de bâtir la ville. Aussi lui donna-t-on le nom de Babel, car c'est là que le Seigneur brouilla la langue de toute la Terre, et c'est de là que le Seigneur dispersa les hommes sur toute la surface de la Terre[1]. »

L'humanité, toute jeune encore, sera désormais morcelée, parcellisée, diversifiée – multiculturelle. Il faudra attendre la Pentecôte pour que chacun, parmi la jeune communauté chrétienne, entende la Bonne Nouvelle dans sa langue.

1. Gen., XI, 1-9.

Nous voici donc face à une réalité qui semble être la loi même de la vie : l'uniformité est étrangère à sa mouvance, car la diversité est partout. Même au sein d'une « espèce spirituelle » aussi strictement hiérarchisée et structurée que l'Église catholique romaine, par exemple, de multiples ordres religieux se sont développés au fil des siècles, exaltant leur propre spiritualité, leur propre sensibilité, leurs charismes. Depuis les origines, la diversité est à l'œuvre au sein de l'Église, avec des résultats particulièrement positifs en ce qu'elle permet des régénérations successives et son adaptation aux évolutions culturelles de chaque époque. Par l'avènement d'ordres nouveaux, l'Église a su, au long des siècles, répondre à l'esprit du temps. En sera-t-il encore ainsi demain ?

Il découle de ce qui précède que la « sociodiversité », forme sous laquelle nous apparaissent aujourd'hui les religions chrétiennes, ne constitue pas un phénomène « anormal ». Il ne s'agit pas d'accidents fortuits de l'Histoire, mais du déroulement *naturel* de cette Histoire dont les aléas font partie de la nature des choses. L'homme étant ce qu'il est, on ne voit d'ailleurs pas ce qui soustrairait les « entités spirituelles » à ces aléas, alors que toutes les entités sociales, ethniques, culturelles, nationales et géographiques sont soumises à leur pression évolutive. Nul n'a jamais prétendu que les Églises n'étaient composées que de saints, seule condition qui pourrait les exempter d'obéir au mouvement de l'Histoire.

Mais nous serions alors déjà dans ce Royaume annoncé par le Christ, qui n'est pas de ce monde et qui, pourtant, n'exclut pas, lui non plus, la diversité. L'unité dans la diversité ne trouve-t-elle pas son premier modèle achevé dans la Trinité avec le fameux « qu'ils soient uns comme nous sommes un[1] » ?

Nous sommes donc confrontés à une situation somme toute assez claire : la diversité est la loi du vivant et du non-vivant ; elle peut, « par destination », tendre à l'unité. Cette fameuse « unité dans la diversité » qu'il appartient aux hommes, parce qu'ils détiennent une part de liberté, de promouvoir, inspire nos attitudes et nos comportements.

La règle : l'unité dans la diversité. Le moyen : le respect de la différence. L'objectif : recréer l'Église indivise sur la base de ces principes.

Aussi convient-il d'éviter la tentation de l'unité dans l'uniformité. Pas question d'aligner, de niveler, de compacter : le « Je ne veux voir qu'une tête » est étranger à la mouvance de la vie. Ouvrons quelques pistes, tentons de déblayer le terrain à parcourir : à partir de situations réelles, il conviendra de prendre acte des dissonances et de voir comment, çà et là, araser quelques positions par trop saillantes ; reconnaître que l'autre n'avait parfois pas tort, et reconstruire sur le socle de la première Église indivise une union dans la foi en Christ ressuscité. Ici, c'est la dynamique

1. Jn, XVII, 22.

qui compte, et non les interminables arguties des théologiens. Il faut prendre chaque Église telle qu'elle est, et s'ouvrir résolument à une communion toujours plus large. Chaque Église apportera de la sorte ses richesses : les protestants, leurs rapports si personnels avec la Bible ; les orthodoxes, leur liturgie et leur attachement si profond à la résurrection du Christ ; les catholiques, la riche diversité de leurs ordres et de leurs congrégations.

Le christianisme devrait aussi multiplier les contacts avec les représentants du judaïsme et de l'islam d'une part, avec les religions orientales d'autre part. Ces religions rappellent à l'homme qu'il a une tâche à accomplir : accéder à la maîtrise des désirs et des passions, sources de souffrances pour l'humanité. Leur but : aboutir à plus de sérénité, à l'illumination intérieure, au nirvana. Tel est le sens de l'enseignement bouddhique, par exemple, qui n'est pas étranger aux objectifs moraux proposés par les religions chrétiennes. Le rapprochement des hauts responsables spirituels du monde pèserait d'un poids décisif en faveur de la justice et de la paix. Tous auraient en commun un message à délivrer sur le sens de la vie : annoncer au monde que chaque être nouveau-né est destiné à devenir un homme, c'est-à-dire une sorte de chef-d'œuvre potentiel de justesse et de sagesse, de bonté et de sainteté. Chaque jour qui passe, chaque acte accompli, chaque pensée juste se doit de concourir à la réalisation de ce chef-d'œuvre. Chacun, naturellement, s'y évertuera selon sa voie, puisqu'il n'est pas deux êtres identiques. Si chacun proposait cet objectif au sein de sa propre religion, le mouvement général qui se dessinerait alors mènerait vers l'universalisme, puisque « tout ce qui monte converge », comme le disait Teilhard de Chardin. Or il s'agit bien, pour tous, dans toutes les confessions, de promouvoir et réussir une véritable métamorphose par une alchimie de l'âme.

Mais ce vaste mouvement de convergence ne sera possible que si nous savons convenablement situer chaque « entité spirituelle », chaque religion dans le mouvement général de la sociodiversité qui est, répétons-le, la loi du monde. Ce qui postule l'humilité, le refus du (ou des) pouvoir(s), et le souci préalable de se faire pardonner ses erreurs passées. Tous, dans toutes les confessions, nous avons erré, nous avons péché. Tous, nous avons hérité des fautes et des erreurs d'antan. Aussi l'œcuménisme ne peut-il être que le fruit de l'esprit des Béatitudes.

Roger Bichelberger[1] esquisse en ces termes les traits de l'Église indivise : « Le premier acte que l'on attend de vous, mes pères, qu'on attend de nous, mes frères, c'est l'unité. Vous en parlez, nous en parlons depuis trop longtemps pour qu'on nous croie encore. Et le second acte, c'est que nous nous mettions vraiment au service de l'homme. L'homme d'aujourd'hui, en effet, et c'est une des raisons de cette dégradation de

1. *Op. cit.*

l'image de l'Église catholique (...), a le sentiment que [celle-ci] a voulu l'asservir et le veut encore, plutôt que de le servir. Voyez toute cette kyrielle d'interdictions qu'elle ne cesse de dresser comme autant de barrières entre lui et Dieu : tu ne te masturberas pas, tu ne cohabiteras pas, tu ne divorceras pas, tu n'avorteras pas, tu ne... Zut ! De quoi je me mêle ? Et l'homme de la rue de contourner soigneusement l'obstacle (c'est-à-dire l'Église catholique)... "Cause toujours !", et de régler ses problèmes directement avec Dieu, dit-il. En attendant d'oublier... Et l'Église catholique, elle, continue à parler, mais pour qui ? On va applaudir son pape, mais on se garde bien d'appliquer ce qu'il dit. On pense d'ailleurs que c'est inapplicable, donc irréaliste. L'Église serait à côté de la question...

« Ce n'est pas ainsi que mon Église indivise retrouvée servira l'homme de notre temps, qui n'est plus un petit garçon : si elle veut le servir vraiment et lui donner le sentiment qu'elle le sert, il faut qu'elle passe d'une morale de l'obligation – tu feras, tu observeras, tu... – et de l'interdiction – tu ne feras pas, tu ne... – à une morale de l'appel et de l'invitation.

« L'Évangile n'est-il pas d'abord bonne nouvelle ? Une kyrielle d'interdits, est-ce encore une bonne nouvelle ? Un catalogue d'obligations, est-ce une merveilleuse histoire d'amour ? Or, c'est à une merveilleuse histoire d'amour que nous avons à appeler, à inviter... »

L'élan de ce beau texte prouve que le grain germe, que l'appel est lancé, que l'Esprit chemine en silence.

Ces dernières années nous ont accoutumés à voir les représentants des principales religions se réunir pour nouer le dialogue. Ne peut-on imaginer qu'ils rédigent un texte bref, une déclaration universelle « sur l'homme », acceptable par tous, qui exprimerait en quelque sorte le « tronc commun » de valeurs et d'espérances de toutes les religions au service de l'homme ? Un texte qui constituerait le pendant et le complément utile de la Déclaration des droits de l'homme. Un texte fort dans lequel tous les hommes trouveraient jalons et balises leur permettant de suivre, s'ils le souhaitent, la route qui mène à Dieu. Un tel texte, ratifié par les chefs religieux de la planète, pourrait grandement contribuer à faire que l'humanité, selon le mot de Théodore Monod, « après être sortie de l'âge des cavernes, sorte enfin de l'âge des casernes ». Il devrait condamner toutes les guerres, et en priorité les pires de toutes : les guerres saintes.

Il ne s'agit assurément pas d'œuvrer à un quelconque syncrétisme dissolvant dans lequel les religions perdraient toute leur force et leur personnalité : ce serait nier la diversité, donc aller dans le mauvais sens. Il s'agit bien plutôt de la libérer, de la faire s'épanouir. Un tel programme ne peut cependant s'accomplir que par étapes en raison des structures partiellement sclérosées et du mode d'évolution très lent des religions, comparativement à l'accélération vertigineuse de la modernité qui semble échapper à tout code régulateur et n'être obsédée que de produire, consommer et s'enrichir. D'où le sentiment d'un profond décalage, d'un porte-à-faux radical chez des êtres que la chrétienté berçait jadis de ses rites et de ses rythmes.

La reconstitution d'une Église indivise ne dépend que de la volonté des hommes, de l'intensité de leur prise de conscience et de leur résolution. En aucune manière il ne saurait être question d'instituer une nouvelle structure de pouvoir. Une telle construction, souple et conviviale, ne pourra voir le jour que grâce au pouvoir de l'amour, dont il serait la forme achevée et visible en ce monde, et non par amour du pouvoir. Utopie ? Certes. Mais rien ne serait pire que de ne point avancer.

Il faut aussi imaginer l'« hypothèse basse » où un tel projet ne pourrait aboutir et où les Églises continueraient obstinément leur chemin séparé, prenant le risque de l'extinction comme il en va des espèces inadaptées et, pour cela, appelées à disparaître. Car les espèces naissent, vivent et meurent, qu'elles soient biologiques ou sociales ! Aucune espèce biologique ne dépasse quelques millions d'années d'âge et, comme on peut le constater, les espèces sociales ont des longévités nettement plus courtes. L'histoire relate le ballet des empires, tous indestructibles à leur acmé, tous emportés ensuite. Les grandes religions semblent bien être des espèces sociales à très forte longévité. Pourtant, on voit disparaître quasiment sous nos yeux le zoroastrisme, la vieille religion des Perses, qui n'existe plus qu'à travers quelques milliers d'adeptes dans la région de Bombay. Si le christianisme n'en est assurément pas encore là, il se trouve – en tout cas en Europe – sur une pente nettement descendante. On se souvient que l'Empire romain existait encore quand sa religion n'était déjà plus qu'une mythologie. De même pour les Grecs. Quant à la religion des Égyptiens, des Babyloniens, des Précolombiens, il n'en reste plus traces vivantes. Mais il s'agit, dans tous ces cas, de religions « endémiques » qui n'avaient pas franchi les frontières des cultures auxquelles elles adhéraient et qu'elles exprimaient. À l'inverse, le christianisme est la seule religion authentiquement cosmopolite au sens que les biologistes prêtent à ce terme. Pour cette raison, elle est représentée sur les cinq continents.

À noter également qu'aucune religion ne fusionne jamais spontanément avec une autre, car la force du réflexe identitaire reste le plus grand obstacle à franchir dans la voie de l'œcuménisme – qui n'exige pourtant, rappelons-le, aucune fusion, mais des rapprochements. On l'a bien vu lors du concile Vatican II qui visait à un *aggiornamento*, une audacieuse remise à jour, et qui, trente ans plus tard, apparaît plutôt comme un *ajournement*, tant les pesanteurs historiques ont réfréné l'esprit de réforme et d'initiative. Bel exemple d'une institution confrontée à sa propre propension à l'immobilisme et au risque permanent de durcissement et de raidissement. Toutes les institutions, quelles qu'elles soient, vieillissent, et leurs structures, en se rigidifiant, se déshumanisent, en dépit du charisme personnel de ceux qui les animent. Il n'en demeure pas moins que le prestige de l'Église romaine reste considérable : pas une jeune nation qui ne souhaite échanger un ambassadeur avec Rome et se doter par là d'un brevet de moralité internationale...

L'islam est la seule religion, à ce jour, à avoir tenu tête à la modernité en remettant notamment en question la doctrine des droits de l'homme et en prétendant faire prévaloir la loi islamique. La Bible était à l'homme du Moyen Âge ce que le Coran est à l'islamiste d'aujourd'hui, à cette différence près que l'homme médiéval n'était pas confronté à une autre culture comparable à cette modernité à laquelle se heurte violemment l'islamiste. Aussi le monde musulman ne considère-t-il pas – moyennant bien sûr d'innombrables nuances – l'avènement universel et officiel – sinon toujours réel – de la démocratie comme le seul mode de gouvernement acceptable. Ce système, jugé comme naturel par les chrétiens dès lors qu'ils n'aspirent pas à instaurer un royaume sur terre (conformément à la parole du Christ : « Mon royaume n'est pas de ce monde »), est rejeté par l'islam qui rêve d'un ordre théocratique organisé autour de la loi musulmane : la *charia*.

Cette résistance souvent sanglante à l'avancée de la modernité en terre d'islam pose une question majeure. L'islam apparaît aujourd'hui comme la seule force susceptible de se dresser à l'échelon planétaire contre le consensus mondial en faveur des droits de l'homme, de la démocratie, des droits reconnus à la femme... et surtout du néolibéralisme ! Une force sur laquelle nos valeurs, et davantage encore nos non-valeurs (priorité aux affaires, agnosticisme de l'argent, amoralisme généralisé) n'ont aucune prise. Cependant que les derniers Indiens sombrent dans l'alcoolisme et se meurent, que les Esquimaux dégénèrent de la même manière, que partout les minorités sont écrasées par le bulldozer d'une « société planétaire » qui remplace le poisson des Esquimaux par le *Big Mac* et les animaux de chasse des Indiens par des *Best of Mac-Donald*, bref, tandis que le monde traditionnel se délite sous la pression de « notre » fier modèle de société, l'islam est seul à faire front – et fait peur. Il montre à nos esprits ébahis que des valeurs religieuses et culturelles peuvent faire barrage à la toute-puissance de la modernité, y compris par les armes. Ce nouveau front nous laisse anxieux et pantois. Certes, nous refusons que se généralise le dialogue des armes. Mais nous nous interrogeons avec perplexité sur le dialogue à amorcer, ici et maintenant, avec ces sociétés souvent fanatisées, avant que ne survienne le pire. Vaste problème dont on peut parier qu'il ne nous laissera guère en repos au cours des prochaines décennies.

CHAPITRE XIII

Le chemin, la vérité, la vie

Dieu aussi, puisqu'il faut bien prononcer son nom, est très sévèrement connoté par la modernité. Peut-être parce que trop souvent annexé dans l'histoire par le camp du vainqueur ou de l'oppresseur, selon la formule calamiteuse du « *Gott mit uns* ». Ou encore présenté sous les traits du justicier suprême, aux sentences inflexibles et irrévocables : le *Rex tremendae majestatae* (roi dont la majesté fait trembler) du *Dies irae*, chanté autrefois aux enterrements. Nombreux sont nos contemporains qui déclarent ne pas croire en Dieu parce qu'ils en ont justement à l'esprit cette image-là.

Or, ce Dieu-là est mort : la modernité l'a tué. La sévérité du Dieu des Patriarches était, dans l'Ancien Testament, signe de sa toute-puissance. Celle-ci avait même triomphé des multiples divinités dédiées, il y a plusieurs millénaires, à la Nature mère, matrice et cocon de l'humanité. Israël savait aussi pouvoir compter sur elle dans le combat contre ses ennemis ; ainsi Judas Maccabée exhortant ses maigres troupes : « Pourquoi un petit nombre ne vaincrait pas des multitudes ? Il indiffère au Ciel de libérer avec beaucoup ou peu. La victoire au combat vient de lui seul, non des gros bataillons[1]. » Sans que cette puissance soit remise en cause – Dieu reste le Tout-Puissant –, l'image de Dieu change et s'adoucit lorsque le Christ appelle son père *Abba*, papa, créant ainsi avec le divin une proximité, voire une intimité propre au christianisme. Même éloignés des Églises, beaucoup se retrouveront dans ce Dieu-là, soit dans des moments de nostalgie, soit émerveillés par la beauté de la nature, soit dans l'amour d'un être cher, soit dans l'art ou la musique, soit encore qu'ils en gardent le souvenir lié à l'enfance, soit enfin qu'ils prévoient de se rapprocher de lui plus tard, en fin de vie, si le temps leur en est laissé... Bref, malgré le bruyant tapage de la modernité, le cœur de nos contemporains n'est ni asséché comme un désert, ni éteint comme un volcan.

De là à être « installé » confortablement dans la volonté de Dieu comme un lapin dans un champ de betteraves, il y a certes un long chemin à parcourir ! Thérèse d'Ávila, intrépide Espagnole du XVIe siècle, semble s'être avancée très loin sur ce chemin, ainsi qu'en témoigne ce mot de sa main, trouvé dans son bréviaire après sa mort : « Que rien ne te trouble, que rien ne t'épouvante. Tout

1. I Macc., III, 18-19.

passe, Dieu ne change pas. La patience obtient tout. Celui qui possède Dieu ne manque de rien. Dieu seul suffit. »

Dieu seul suffit... Le retour à la paix primordiale, à l'acceptation sereine de tout ce qui est et de tout ce qui advient, sans la moindre crainte, exige certes de grands pas en avant. Cet état vécu en permanence est en effet de l'ordre du fameux Royaume qui n'est pas de ce monde.

Le prophète Élie était si fatigué de ce cheminement qu'il avait demandé à Dieu de reprendre sa vie. Moyennant quoi, une nouvelle mission lui fut assignée, car longue est la route, étroite la porte qui mène à Dieu. Dieu le gratifia de surcroît d'une caresse sous la forme du « bruissement d'un souffle ténu ». Déjà dans l'Ancien Testament, le Dieu tout-puissant sait aussi renoncer à ses manifestations tonitruantes (la tempête, l'orage, le vent, le tremblement de terre) pour se faire, comme ici, silencieux et discret, doucement caressant[1].

C'est dans l'Évangile de Jean, sans doute rédigé en l'an 96, que nous solliciterons l'image de Dieu telle qu'elle fut donnée par Jésus : « Je suis la voie, la vérité et la vie ! » Car Dieu ne peut être connu, nous dit Jean, que par le Fils. Je suis *la voie, le chemin* ! Cette notion n'est pas courante en Occident. En revanche, elle fait partie intégrante du bouddhisme qui exige de ses adeptes qu'ils prennent quatre « bons chemins » : la science, révélation

1. Ir, 19-4 et 11-4.

de la vanité ; le vide, qui démontre l'instabilité et l'inanité du monde extérieur ; les objets, tous éléments périssables ; enfin le « moi », auquel c'est folie de s'attacher. Ces quatre « bons chemins » sont ceux qui délivrent l'homme de tout attachement aux biens matériels et au « moi ». C'est la « voie de la délivrance » découverte par le Bouddha et qui mérite d'être suivie par tous les hommes, quels que soient leur race, leur sexe, leur groupe social. Il convient que chacun apprécie la réalité avec une froide lucidité et s'émancipe du « moi » trompeur pour avancer résolument dans cette voie.

On conçoit la fascination que le bouddhisme exerce sur nombre de nos contemporains « déboussolés », en quête d'un chemin à emprunter. D'autant que celui-ci est jalonné d'un certain nombre d'exercices de méditation et n'exige pas nécessairement une *foi*, au sens que nous prêtons à ce mot.

La voie chrétienne se distingue de la voie bouddhique dans la mesure où elle ne disqualifie pas le réel et ne le considère pas comme une dangereuse illusion. Toute la Création est bonne, nous rappelle le premier récit de la Genèse, et le monde, fondamentalement, l'est aussi, même si, réaliste, la Bible relate çà et là les combats menés par Yaveh pour vaincre les forces obscures du chaos. Aussi chaque humain, à l'instar de ses premiers parents, doit-il se faufiler parmi les branches et les fruits de l'arbre de la connaissance du bien et du mal pour sortir victorieux de ces affrontements et mériter la couronne promise aux élus. Qu'un tel parcours suppose l'exercice permanent des vertus, c'est l'évidence. Mais il requiert aussi une attention sans cesse en éveil, une conscience éclairée et vigilante, un discernement méticuleux, des exercices de concentration et de méditation visant à disperser l'agitation du mental et instaurer le vide intérieur qui seul pourra se remplir du divin, ainsi que le notent Graf Durkheim et Alphonse Goettmann[1] dans leur livre admirable. On y trouve ce à quoi l'enseignement chrétien d'Occident n'a que peu prêté attention, si ce n'est au sein de quelques ordres religieux comme les carmélites : une véritable « praxis », un chemin et une manière d'y cheminer, d'y pérégriner, une « hygiène » de la méditation et de la prière en vue de rendre manifeste la présence de l'Être essentiel en nos cœurs.

Cette présence se manifeste elle aussi de manière différente pour chacun. Quelquefois par de grandes illuminations qui bouleversent la vie entière, sources d'une paix et de lumières proprement inouïes, incommunicables, mais jamais durables (« Mon Royaume n'est pas de ce monde »). Plus fréquemment, ce seront de brefs « attouchements », des effleurements, comme des caresses par lesquelles l'Être essentiel nous rappelle qu'il est proche et nous cherche. « Le souvenir de ces moments, écrit Graf Durkheim,

1. Alphonse Goettmann et Graf Durkheim, *Dialogue sur le chemin initiatique*, Dervy-Livres, 1988.

doit s'imprimer en nous et rester continuellement en notre mémoire », car ils sont une révélation directe, tangible, quasi matérielle, existentielle de l'Être essentiel. Nul besoin d'être un grand mystique d'Orient ou d'Occident pour bénéficier de telles manifestations à l'occasion de n'importe quel événement, heureux ou malheureux. L'important est de ne pas passer à côté, de le recevoir et de le consigner dans notre cœur, comme la présence vivante et permanente de Dieu à nos côtés. Nul besoin non plus d'être pétri de spiritualité pour connaître de telles expériences qui n'ont pourtant guère retenu l'attention des Églises, plus attachées à l'organisation collective du culte et de la prière.

La voie est ainsi jalonnée de telles rencontres, au cours d'une prière ou d'une célébration, à l'occasion d'un échange, d'une méditation silencieuse, d'un chant émouvant, de la contemplation de la nature, d'une manifestation de l'amour humain, etc. Ces expériences strictement personnelles, qui nous touchent au plus profond, s'inscrivent dans nos cœurs et y forment comme un dépôt d'une valeur inestimable. Elles produisent une lente transformation de la personne, cette fameuse *metanoia* dont parle l'Écriture. Aussi importe-t-il de nous en souvenir lorsque surviendront des heures plus sombres, des instants de découragement, des deuils, des ruptures, des séparations, la maladie ou la mort, surtout ces nuits de grand silence du cœur qu'ont connues des mystiques comme Jean de la Croix ou Thérèse de Lisieux. Il importera alors de ne pas crier à l'abandon, de ne pas déserter les rangs de la foi, de ne pas quitter la voie, le chemin, surtout de ne jamais blasphémer. La qualité de l'âme se révèle à sa capacité de ne jamais récriminer contre Dieu, quelles que soient les déconvenues, les attentes déçues.

Au contraire, c'est à la louange que s'adonne l'âme éprouvée : « Soyez toujours joyeux, priez sans cesse et dites merci en toutes choses, car c'est là ce que Dieu veut pour vous qui appartenez à Jésus-Christ[1]. » Les milieux protestants anglo-saxons pratiquent la louange en toutes circonstances, guidés en cela par des ouvrages comme ceux de Merlin R. Carothers[2] qui ont connu un vif succès de part et d'autre de l'Atlantique. Cette attitude où l'âme « lâche prise », évite de se « cramponner », de se « crisper », de « s'arc-bouter », mais s'abandonne à la providence tout en la louant, est une étape décisive sur le chemin. Livrée à Dieu, blottie dans sa volonté en toute confiance, l'âme trouve alors l'attitude juste, et sa juste place face à lui.

Nous sommes ici dans un domaine fort peu balisé par les théologiens occidentaux : celui des exercices qui mènent à l'union mystique. Comme ils se réfèrent à des faits qui ne sont ni mesurables ni reproductibles, ils échappent évidemment à la science. L'union mystique à Dieu reste pour cha-

1. I Thess., v, 16-18.
2. Merlin R. Carothers, *Puissance de la louange*, Éd. Foi et Victoire, 1984.

cun et chacune une expérience intime, non maîtrisable par la volonté, difficilement communicable, mettant sans doute prioritairement en jeu le cerveau droit. Malgré l'équivoque du langage commun, elle est tout le contraire des états d'âme, fluctuant au gré des humeurs. Elle n'est en rien exclusive de la raison, et les Orientaux n'ont pas tort de dire qu'on ne saurait être théologien sans être mystique : cela reviendrait, à leurs yeux, à discourir de ce qu'on ne connaît pas. Au contraire, c'est dans la réconciliation de la raison et de la mystique que la foi pourra produire tous ses effets.

Car c'est dans les moments difficiles que la raison vient en quelque sorte faire la courte échelle à la foi. Dans la nuit des souvenirs, des dévoilements merveilleux, des effleurements chaleureux, quand plus personne ne répond, que tout se tait, que l'homme est seul sur le chemin, comme laissé à l'abandon, en quête d'un sens qui se dérobe, c'est alors la raison qui lui permet de s'écrier dans l'opacité mystique : « Je crois ! » « Je crois » par un acte positif de ma raison, même si, comme à l'instant, je ne vois plus rien devant moi et suis contraint d'avancer sur la voie à tâtons... C'est la parole de Jésus à Thomas : « Bienheureux ceux qui croient et n'ont pas vu ! »

Telle me paraît être l'ultime performance et la première raison d'être de la raison. Tel était déjà le point de vue de Thomas d'Aquin, auquel je me range sans réserve. Les vertigineuses prouesses de la raison dans le domaine de la science me semblent d'un rang inférieur, d'une utilité moins immédiate que « cette raison suprême de la raison » qui est de pouvoir dire « Je crois ! » en toutes circonstances, y compris en acceptant s'il le faut l'inacceptable. Bien des mystiques ont connu cette nuit des sens où le « Je crois ! », parce qu'il était raisonnable, relayant de multiples états antérieurs de grâce et de béatitude, marquait à lui seul l'enracinement permanent dans la foi.

Mais si la raison trouve ici, en tant qu'escabeau de la foi, sa plus sûre utilité, on est naturellement conduit à envisager aussi ses usages dévoyés. Le traité « *Du bon usage de la raison* » reste à écrire. Ses dévoiements restent la cause première des dérives sociales qui emportent notre monde dans leurs tourbillons délétères. Dans les trois secteurs que nous avons déjà évoqués à ce propos – le nucléaire, le génie génétique, l'intelligence artificielle –, ne sommes-nous pas déjà conduits à déceler une sorte d'hypertrophie de la raison ? Voire, comme on l'a dit, une véritable hypertélie de l'hémisphère gauche du cerveau consécutive à un usage pathologique de la raison raisonnante qui, jusqu'à la Renaissance, n'avait jamais servi à ce point à de tels usages ? Un autre dévoiement est également le rationalisme poussé à l'extrême dans lequel a versé le christianisme occidental en formalisant et cristallisant les dogmes, en élaborant des codifications pointillistes, en dressant des listes interminables et hiérarchisées de péchés véniels et mortels là où le simple bon sens se borne à voir le contraste de l'ombre et de la lumière. Le catholicisme a été littéralement pétrifié par cet excès de rationalité qui a sévi avec la Contre-Réforme.

Quand la raison dit : « Je crois », elle n'a pas à proprement parler de preuves. Si tel était le cas, c'en serait fini de la liberté humaine. En la matière, le pari de Pascal reste indépassable. Mais la foi s'appuie néanmoins sur des expériences du divin, sur des signes qui nous sont personnels et qui échappent à la rationalité scientifique, éprise d'arguments et de démonstrations. Le signe, le symbole nous viennent du cerveau droit ; la preuve, du cerveau gauche. L'un et l'autre concourent à éclairer la voie sur laquelle nous sommes conduits à nous dépouiller de l'homme ancien et à revêtir, comme dit saint Paul, « l'homme nouveau ».

« Je suis la Vérité ! » Pilate, interrogé par le Christ, a daubé là-dessus. « Qu'est-ce que la vérité ? » demande-t-il. Quelle vérité pourrait-il y avoir, hormis l'arrogante puissance de Rome ? Deux mille ans plus tard, Gandhi lui répondit comme en écho : « Dieu est la Vérité[1] ! »

Voici donc une vérité qui n'est plus à portée de main. Aucune institution humaine ne saurait prétendre la posséder tout entière. En reconnaissant à chacun la liberté de choisir et d'exercer librement sa religion, le concile Vatican II mettait un

1. Réponse écrite donnée par Gandhi à Mme Germaine Ford de Maria à la question : « Qu'est-ce que la vérité ? »

terme à des siècles d'autosuffisance et d'autosatisfaction. Il était jadis clairement affirmé que seule la religion catholique détenait la vérité, ce qu'exprimait le fameux « Hors de l'Église, point de salut... » C'est une tout autre manière de voir qui prévaut aujourd'hui : si notre religion, nos engagements sont notre vérité, c'est d'abord parce qu'ils correspondent à notre culture et à nos traditions. À nous, dès lors, de reconnaître et respecter l'authenticité des autres traditions : judaïsme, islamisme, bouddhisme, etc. La vérité, comme le Soleil, les illumine toutes. Mais les institutions terrestres ne peuvent qu'en posséder une parcelle. D'où, pour l'œcuménisme, une chance radicalement nouvelle : celle qui porte les religions à cheminer vers la communion dans le respect mutuel de la part de vérité que chacune porte en elle. Quant aux cheminants que nous sommes, pèlerins des bons et mauvais jours, il nous appartient de tendre de notre mieux vers la vérité en posant l'acte juste, en cherchant l'attitude juste, en tentant par là de devenir Juste.

Mais, dira-t-on, l'absolu de la vérité est inaccessible à l'esprit humain. C'est le sens que donna en 1884 Jules Clarety au mot « agnosticisme », inventé en 1869, lors de la fondation de la *Metaphysical Society* par Thomas Huxley. Dès lors, quels repères pour la vérité ? La métaphore de la montagne va nous permettre d'éclairer ce point afin d'éviter le reproche de laxisme, de relativisme, voire de syncrétisme que pourraient encourir nos propos.

Soit une très haute montagne dont la masse émerge d'une vaste plaine en partie marécageuse. Bien que les hommes soient invités à gravir le sommet où Dieu habite, un grand nombre d'entre eux restent dans la plaine. La plupart pataugent dans les marécages, vaquant à leurs occupations quotidiennes, construisant leurs gîtes, faisant des enfants, trouvant dans leur niche et leur nichée la satisfaction inconsciente d'obéir fidèlement aux lois immémoriales de la nature. Certains, toutefois, plus courageux ou plus curieux, entreprennent de gravir la montagne et cheminent sur ses flancs. Mais la forme de la montagne est telle que chacun de ses côtés correspond à une orientation géographique et à une population particulière : les musulmans marchent au sud-est, les hindous à l'est, les catholiques à l'ouest, les protestants au nord-ouest. On ne se mélange pas : la forme de la montagne ne l'autorise guère. De chacune de ces communautés se détachent toutefois de petits groupes d'escaladeurs qui affrontent les premiers escarpements. Ce sont les chercheurs de Dieu. Mais, au fur et à mesure qu'ils l'escaladent, la montagne révèle ses aspérités, et les dernières étapes se révèlent extrêmement périlleuses. Aussi le nombre des audacieux fond-il comme neige au soleil. Se présente enfin l'aiguille imposante et acérée qui forme le sommet. Rares sont ceux qui osent s'y aventurer. Mais les quelques grimpeurs endurcis à y parvenir peuvent s'entendre, car ils ne sont plus éloignés les uns des autres : le soufi qui grimpe en récitant des versets du Coran entend l'orthodoxe qui répète la prière du cœur[1], le catholique égrène son chapelet, etc. Le murmure de chœur œcuménique monte jusqu'à Dieu. Comme tout ce qui monte converge, et comme l'épreuve trempe les caractères et affermit les vertus, la pureté de cœur de ces hommes qui ont longuement et durement cheminé sur la voie en fait de véritables saints. Ils se sentent très proches désormais, physiquement et moralement. Ce qui en bas les séparait paraît désormais insignifiant, comparé à ce qui les rapproche : la convergence vers la vérité, qui est Dieu et qui est en Dieu. Ils ne cessent de progresser vers le sommet où Dieu se tient. Et voici qu'enfin le sommet est atteint : mais Dieu tient sa gloire sur un petit nuage rond à faible distance du sommet. Trop haut, cependant, pour être accessible... Ainsi de la vérité qui se laisse approcher mais qui ne se livre jamais dans sa totalité et dans sa plénitude.

Dans mes conférences, répugnant à bousculer les consciences de mes auditeurs, il m'arrive de remplacer instinctivement le mot Dieu par le mot Vie. Mais les deux mots sont parfaitement interchangeables. Chacun comprend parfaitement que la Vie, c'est Dieu !

Pourtant, il y a vie et Vie. La « petite » vie nous accueille tous au moment de l'adolescence : elle nous habite d'une sorte de plénitude qui se suffit à

1. La prière du cœur est la répétition d'une phrase courte comme un *mentra* : « Seigneur Jésus-Christ, fils de Dieu, prends pitié de moi, pécheur. » Dévotion très pratiquée dans l'orthodoxie et popularisée par le célèbre récit du *Pèlerin russe.*

elle-même sans qu'une foi ou l'adhésion à une Église nous semblent en rien nécessaire. À ce stade précoce, sa force nous porte quasi biologiquement, inconsciemment, puissamment. L'élan de la sexualité nous pousse en avant, tout au moins à l'époque moderne : jadis, la rigueur de l'Église aidant, l'adolescence était sur ce point moins sereine, plus « coincée », en tout cas chez les plus purs ou les plus naïfs. Quant à la « grande » Vie, c'est elle qui nous rejoint en fin de parcours : c'est l'immense souffle qui traverse la Bible et irradie dans la Vie éternelle, article du credo qui exprime la foi chrétienne, mais aussi celle de nombreuses religions passées ou actuelles de par le monde. La Vie nous nourrit et nous porte. Elle a bousculé de ses mille paradoxes les patriarches de l'Ancien Testament : ainsi Abraham qui se vit promettre une postérité aussi nombreuse que toutes les étoiles du ciel et tous les grains de sable au bord de la mer, mais qui se voit convié peu après à offrir en sacrifice son fils unique. Comment espérer dès lors une quelconque postérité ? Abraham suit néanmoins l'injonction divine, sans rien comprendre ni à la dureté du geste qui lui est demandé, ni à la contradiction que ce geste manifeste avec les intentions de Yaveh. Finalement, Isaac est sauvé et la postérité d'Abraham englobe bien aujourd'hui la moitié des habitants de la Terre... Quinze siècles plus tard, on voit la Vierge Marie se faire promettre un fils alors qu'elle ne connaît point d'homme, et, comme Abraham, elle accepte ce paradoxe en prononçant le fameux *Fiat* : « Que Ta volonté soit faite. » Mais le Fils de Marie connaîtra un destin plus sévère que celui d'Abraham : il sera sacrifié au Calvaire, puis ressuscitera le troisième jour. Tels sont, à deux moments clés de l'Ancien et du Nouveau Testament, les paradoxes de la Vie.

Ces paradoxes, nous pouvons les rencontrer nous-mêmes en telle ou telle circonstance. Nous nous souviendrons alors du fameux « Choisis la vie ! », exprimé à plusieurs reprises dans le Deutéronome. Nous nous remémorerons aussi que le Père créateur fut d'abord considéré comme le Dieu de la Vie en plénitude, en vitalité, en énergie. Telle fut en tout cas la première image que les patriarches s'en firent : une « image forte » où Yaveh est perçu comme l'éternité de la Vie.

On ne saurait enfin omettre de développer le thème central, souvent un peu galvaudé dans les homélies, du Dieu Amour. « Dieu seul est bon », dit Jésus. Ce Dieu bon, déjà en pointillé dans l'Ancien Testament, s'affirme dans la personne de Jésus et dans les béatitudes. C'est alors une image accomplie de Dieu qui nous est proposée, celle qui vient clore la révélation et marque l'avènement des temps messianiques. Rares sont ceux qui n'auront pu expérimenter, ne serait-ce qu'une seule fois, la mystérieuse présence de Dieu, en filigrane dans les moments forts de la vie. Ils auront été saisis par ce déchaînement d'amour, brusque et envahissant, qui saisit l'être tout entier, puis lentement se dissipe lorsque la « rencontre » touche à sa fin. Car il y a aussi, sur la voie, des temps d'absence, ressentis parfois comme des abandons et empreints d'une forte nostalgie. Tenir Dieu pour responsable de l'épreuve serait blasphémer. Mettre en doute la divine présence en nos vies est sinon la seule faute, du moins la plus grave. Un croyant fidèle ne blasphème jamais, pas même dans les pires ténèbres, pas même l'espace d'une seconde.

Ces quatre attributs de Dieu – la voie, la vérité, la vie, l'amour – ont été choisis parmi une vaste panoplie qui lui a été affectée de siècle en siècle au gré des traditions diverses et successives. Il semble que le Dieu de Jésus-Christ, Dieu d'amour, de bonté et de miséricorde, soit, de tous, le plus proche ami de l'homme, le plus accessible aussi. Compassion, bonté, miséricorde : ces maîtres-mots du monde céleste prennent radicalement à rebours les termes forts de nos sociétés contemporaines : compétition, sélection, performance, progrès, etc. Certes, notre Dieu est bien celui du Progrès, mais d'un progrès tout intérieur, qui vise à la divinisation de l'homme, à l'aboutissement en chacun du chef-d'œuvre potentiel qu'il porte en lui, inscrit au fond de son être, qu'un cheminement correct doit pouvoir révéler au terme de sa vie. On imagine mal, pour l'heure, l'avènement d'une société qui prétendrait réaliser en chaque être le chef-d'œuvre qu'il porte à l'état d'ébauche, favorisant ses dons, ses talents, mais aussi son épanouissement spirituel. Malraux prophétisait que le XXIe siècle serait mystique[1] ou ne serait pas. Son pronostic se confirmera-t-il ? Les choses semblent devoir aller moins vite qu'il ne l'avait annoncé. On veut toutefois espérer que Dieu épargnera à notre grand bateau de sombrer avant que le nécessaire sursaut nous ait portés vers des littoraux plus accueillants et plus propices à la vie.

Le pèlerinage sur le chemin, la recherche de la vérité, l'abandon à la vie, chaque fois qu'ils nous rapprochent intimement de Dieu, nous placent en même temps – généralement, peu après – face à l'adversaire, au démon. Il ne s'agit pas là d'une sorte de mécanisme psychologique, mais bel et bien de faits constatables : après le contact de l'Être, l'adversaire se manifeste avec son lot d'impasses et d'ingrédients bien à lui. Une mauvaise nouvelle vous tombe dessus, une indisposition momentanée vous met hors-jeu pour quelques jours, on vous vole votre voiture, etc. Cet aspect classique de l'expérience mystique est de nos jours totalement ignoré des croyants qui vivent pour la plupart, il est vrai, dans un monde spirituellement moins agité... L'adversaire, l'ennemi de la vie n'en règne pas moins sur une large panoplie d'astuces et de misères : ainsi de la promesse des paradis artificiels, avec la montée exponen-

1. On lui prête souvent, au lieu du mot *mystique*, le mot *spirituel* ; il a bien employé *mystique*, comme l'atteste André Frossard, désignant par là un autre regard, une autre expérience dans le dialogue personnel et intime avec Dieu, qui induit de profondes métamorphoses.

tielle de la consommation de drogues ; de l'échec de la recherche face au sida ; de la déliquescence du tissu social, qui engendre solitude, exclusion, petite et grande délinquance, etc. Autant de manifestations où se love son désir de détruire. Mais nul ne le reconnaît. Il a réussi ce coup de génie de se faire oublier complètement. Du Malin et de ses congénères, le Christ disait : « Ces démons ne cèdent qu'à la prière. » L'expérience commune des mystiques permet aussi d'affirmer que le Malin ne gagne jamais s'il a en face de lui une volonté inébranlable. Le manichéisme, campant le bien et le mal affrontés dans une lutte à l'issue incertaine, n'est plus de notre temps. En revanche, l'enfer et le diable restent bel et bien présents dans la conscience d'un Français sur trois[1].

Oui, la vie est paradoxale : elle remet en cause nos certitudes et ébranle nos édifices les plus stables. Ainsi des Béatitudes, qui nous mènent à des années-lumière de ce monde. Mais, justement, le Royaume de Dieu n'est pas de ce monde, même s'il est « déjà parmi nous ».

Les Évangiles nous proposent deux discours parallèles sur le bonheur : celui de Luc[2], prononcé « sur un endroit plat », et celui de Matthieu[3], « sur une montagne ». Dans Luc, Jésus s'adresse à la deuxième personne aux disciples

1. « Les croyances des Français », *Le Monde,* 12 mai 1994.
2. Lc, VI, 17-23.
3. Mt, V, 1-12.

qui l'entourent et leur parle d'une façon très concrète ; dans Matthieu, il s'adresse à la troisième personne – donc à tout homme – et spiritualise les Béatitudes pour en faire une disposition du cœur. À lire ces textes qui font partie des grands monuments de la culture humaine, on reste stupéfait par la contradiction absolue qu'ils expriment face aux valeurs de la modernité : « Heureux les pauvres », et non pas « Heureux les riches » ; « Heureux les doux », et non pas « Heureux les grands et petits chefs » ; « Heureux les affligés », et non pas « Heureux ceux qui n'ont pas de problèmes » ; « Heureux ceux qui ont faim et soif », et non pas « Heureux ceux qui ont tout et le superflu » ; « Heureux les miséricordieux », et non pas « Heureux ceux qui sont durs, intraitables, battants » ; « Heureux les cœurs purs », et non pas « Heureux les malins, les magouilleurs, les tricheurs » ; « Heureux les artisans de paix », et non pas « Heureux les marchands d'armes, les profiteurs de guerre » ; « Heureux les persécutés à cause de la justice », et non pas « Heureux ceux qui passent à côté grâce au piston ». Et le discours s'achève par cette exhortation : « Réjouissez-vous, soyez dans l'allégresse, car votre récompense est grande dans les cieux ! » – c'est-à-dire dès à présent et pour toujours. Heureux les derniers, ils seront les premiers ; heureux le pauvre Lazare méprisé par le mauvais riche : dans tous les cas, Jésus retourne la loi du plus fort au profit du plus faible. L'Évangile annonce l'avènement imprévisible et imminent de la loi du plus faible.

C'est le monde à l'envers, un renversement complet, dès ce monde-ci, dès maintenant, de notre échelle de valeurs. Un mystère pour beaucoup, une formidable espérance pour tous.

Vingt ans après la mort du Christ, au détour des années 50, Paul de Tarse, en disciple fidèle, enfonce le clou : « Frères, les révélations que j'ai reçues sont tellement exceptionnelles que pour m'empêcher de me surestimer, j'ai dans ma chair une écharde, un envoyé de Satan qui est là pour me gifler... Par trois fois, j'ai prié le Seigneur de l'écarter de moi. Mais il m'a déclaré : "Ma grâce te suffit : ma puissance donne toute sa mesure dans la faiblesse." C'est pourquoi j'accepte de grand cœur, pour le Christ, les faiblesses, les insultes, les contraintes, les persécutions et les situations angoissantes. Car lorsque je suis faible, c'est là que je suis fort[1]. » Dans la même veine, Thérèse d'Ávila, grande mystique s'il en est, mais fort réaliste, rétorque à Dieu : « Quand on voit comment tu traites tes amis, on comprend que tu en aies si peu... » Au terme d'un long chemin, l'abbé Pierre se prend lui aussi à évoquer la « fatigue d'être dans le devenir et l'attente d'être dans l'Être[2] »...

Attente joyeuse du passage sur l'autre rive ! On n'insistera jamais assez sur la place des petits, des humbles dans l'avènement du royaume. Comme le dit Marie dans le Magnificat : « Il comble de biens les affamés, renvoie les riches les mains

1. II Cor., XII, 7-10.
2. Abbé Pierre, Albert Jacquard, *Absolu,* Seuil, 1994.

vides, Il dépose les puissants de leur trône et exalte les humbles. »

C'est bien ce qu'il fit de l'humble Robert Schuman qui, lorsque j'étais jeune, me fut si proche. Président du Conseil, premier président du Parlement européen, il enclencha le processus historique qui conduisit à l'Europe communautaire, tandis que Hitler, qui lui avait retiré son mandat de député et sa liberté en l'incarcérant, se vit à son tour dépossédé. Mais Robert Schuman était un « petit », un très grand « petit » : président du Conseil en exercice, il circulait en bus, ce qui ne s'était jamais vu, et détestait avoir des motards devant sa voiture car, disait-il : « J'ai vu peu d'hommes ne pas perdre la tête lorsqu'ils ont des motocyclistes devant leur voiture[1]. » Il fut mon maître et je me sens proche de lui, la carrure et la stature en moins. La manière dont la France continue à l'ignorer m'afflige, alors que grande est sa renommée dans les autres pays européens.

Confronté aux grèves insurrectionnelles de novembre 1947, qui devaient faire de la France une démocratie populaire à l'instar de la Tchécoslovaquie, il fit face seul, dans la débandade générale des politiques muettes, et seul face à une France paralysée par les grèves politiques, les plus graves qu'elle eut à connaître depuis l'après-guerre. D'où lui vint alors cette force inébranlable ?

1. En 1950, on ne disait pas « motard », tout au moins lorsqu'on était président du Conseil.

Lorsqu'il mourut, le 4 septembre 1963, nous choisîmes, pour garder le souvenir de sa naissance au Ciel, un texte qu'il avait rédigé le 7 novembre 1945, encore loin de soupçonner la destinée prestigieuse qui serait la sienne : « Nous sommes tous des instruments bien imparfaits d'une Providence qui s'en sert dans l'accomplissement des grands desseins qui nous dépassent. Cette certitude nous oblige à beaucoup de modestie, mais nous confère aussi une sérénité que ne justifieraient pas toujours nos expériences personnelles, considérées du point de vue simplement humain. » La béatification de Robert Schuman est en cours, elle pourrait intervenir en l'an 2000 pour la célébration du deuxième millénaire du christianisme. Ainsi serait attesté que, même au XXe siècle, on peut être saint en politique.

Quand on me demande si j'ai quelque désir particulier pour mon enterrement, je réponds depuis trente ans : « Oui, que l'on chante le Magnificat en latin ! », et sur le ton messin pratiqué jadis dans nos villages lorrains, qui fut à l'origine, voici douze siècles, du chant grégorien[1].

Reste maintenant cet argument mille fois entendu, mille fois répété : comment croire en un Dieu bon quand il y a tant de malheurs sur terre :

1. Saint Chrodegang. Évêque de Metz en 742, chef de l'Église franque, entreprit un mouvement de réforme de la musique liturgique sous l'impulsion de l'école de chant de Metz. Le chant messin, assimilant le répertoire romain à celui des églises franques, reçut, sous le nom de chant grégorien, le double aval du pape et du roi Pépin le Bref, et devint le chant de l'Église d'Occident.

guerres de plus en plus meurtrières, famines, accidents, catastrophes naturelles, criminalité galopante, maladies incurables, drogue, échecs affectifs, chômage, et bien entendu la mort des jeunes enfants. Nous nous garderons d'épiloguer sur chacun de ces points, mais qui ne voit, dans la plupart, l'écrasante responsabilité des hommes eux-mêmes ? Une humanité profondément spirituelle, celle dont l'avènement est à espérer pour le troisième millénaire, réduirait dans des proportions notables l'étendue de ces drames. Car chacun de ces maux sans exception est susceptible de régresser pourvu que la conscience humaine réussisse son « grand bond en avant ». Mais il y faudrait une société profondément solidaire, que jamais le néo-libéralisme, pas plus que le communisme hier, ne pourra enfanter. Aussi, n'imputons pas à Dieu celles de nos infortunes dont il n'est absolument pas l'auteur.

Quant à la mort, seul obstacle invincible aux forces humaines, elle nous conduira droit aux terres éternelles, notre vraie demeure.

CHAPITRE XIV

Réflexions sur la postmodernité

Après cinquante mille ans d'histoire, l'*Homo sapiens sapiens* n'a toujours pas pris clairement conscience de ce qui constitue sans nul doute son programme génétique. Le respect des morts est à l'évidence très antérieur, sinon à l'éclosion de la conscience, du moins à son explosion.

Depuis des millénaires, l'Égypte ancienne affirmait la permanence de l'âme au-delà de la mort. De même, Sumer et Assour, comme l'Égypte, s'émerveillaient du don renouvelé des fruits de la terre et tentaient de s'assurer la bienveillance de la Nature – pour cela divinisée sous forme de généreux panthéons – à l'égard de l'humanité. En Orient, le brahmanisme insistait sur le nécessaire respect de toute vie, humaine ou non, et sur les réincarnations nécessaires pour atteindre à la perfection. En Chine, la quête de la sagesse, le respect des règles immémoriales de coexistence de l'homme et du cosmos inspiraient les sages, de Lao-Tseu à Confucius, convaincus de l'existence d'un ordre immuable dans lequel l'homme-microcosme occupe une place privilégiée.

En Occident, près de quatre mille ans de tradition judéo-chrétienne ont affirmé la réalité, la primauté et la proximité d'une entité transcendante : celui qu'on appelle Dieu. Le christianisme, en la personne de Jésus, son fondateur, a exprimé avec force que le ressort essentiel de toute vie humaine est le respect d'autrui fondé sur l'amour. Or ce message fut délivré par un homme dont la vie terrestre aboutit à la mort en croix, donc à un échec absolu. Cette affirmation, six siècles plus tard, l'islam ne put l'accepter : cette indignité lui parut si incompatible avec l'affirmation de la transcendance et de la puissance de Dieu qu'il a fait de Jésus l'un des grands prophètes, lequel aurait été sauvé *in extremis* de la croix. Dans toute son histoire et toutes ses confessions, le christianisme s'est cependant obstiné à répéter de génération en génération, à des millions et des millions d'hommes, que son symbole était bien la croix, ce signe tangible d'un échec humain absolu. Mais d'un échec qui se dessinait sur fond de résurrection. La résurrection devenait par là une fin dernière offerte à tous les hommes. Pour un chrétien, la vie humaine ne s'achève point à la tombe ; elle est au contraire toute orientée vers le retour à la vie. Une vie dont le but ultime est de s'extraire et de s'élever, non point, comme on l'a tant dit, au-dessus de l'animalité, mais au-dessus de la part la moins innocente – ou la plus innocente, selon le point de vue où l'on se place – de l'animalité que l'homme porte encore en lui, antérieure à l'émergence à la conscience : cette part de nous-mêmes où les forces de compétition et d'affrontement conservent toute leur puissance et où la loi du plus fort donne toute sa mesure.

Il est conforme à notre programme génétique et à l'axe évolutif de notre cerveau d'échapper peu à peu, à travers toutes nos expériences vécues, aux pressions de la compétition qui régit encore si généralement les modes de coexistence des êtres à la surface du globe. D'où l'accomplissement par chacun – et collectivement par tous – d'un vaste et immémorial programme de prise de conscience et de solidarité, spectaculairement accompli par le Christ durant les quelques années de sa vie telle qu'elle nous est rapportée dans les Évangiles.

Si l'Orient est silencieux sur ce qu'on a qualifié ici de « fins dernières de l'homme », qu'il imagine abîmé *in fine* dans le grand Tout, l'Occident, en revanche, a mis l'accent sur cette destinée éternelle, présentée comme une récompense méritée après la laborieuse et périlleuse traversée des quelques décennies que couvre une vie terrestre. Toute l'histoire de l'Occident chrétien, où la notion de péché pèse d'un poids si lourd, se résume à un système de rétribution, fondé sur la punition et la récompense, la trajectoire humaine aboutissant au Ciel ou à l'enfer. Mais, pour la modernité, le péché s'est dissous dans la faute ou la simple erreur, quand il n'a pas purement et simplement disparu, absorbé par un ego omniprésent. Quant aux règles, codifications et interdits édictés par les Églises, ils sont devenus obsolètes. Désormais, « moi » seul dit le bien et le mal. Un moi, hélas, pas toujours éclairé par une conscience lucide et perspicace, apte à l'ascèse du discernement. Or, si la conscience personnelle doit désormais éclairer nos comportements et guider nos actes, comme le postule la modernité, encore faut-il qu'elle soit correctement formée et précocement éduquée. Ce qui postule un système de valeurs acceptées et partagées par tous, bref, une morale pour le futur communément admise. C'est peu dire que nous n'en sommes pas encore là, et le chemin sera long qui y conduit.

La postmodernité, fruit d'une lente maturation de l'humanité, s'exprime dans des intuitions justes et généreuses comme le concept de solidarité, de lutte contre l'exclusion et contre le racisme, de respect des droits de l'homme, etc. Mais elle devra leur ajouter une dimension supplémentaire lorsque l'humanité, au sortir d'une adolescence qui débuta en Occident à la Renaissance, marquée par une triple révolte contre le père (Dieu), contre la mère (l'Église, si souvent et puissamment castratrice) et contre la nature, découvrira qu'elle n'a d'autre programme, d'autre but que de se diviniser. Ainsi s'expriment volontiers les orthodoxes lorsque, à la suite des Pères de l'Église, ils s'en vont répétant : « Dieu s'est fait homme pour que l'homme devienne Dieu ! » L'humanité prendra alors conscience du sens –

dans la double acception de direction et de signification – de toute l'histoire du cosmos. D'ores et déjà des signes se manifestent dans l'extrême profondeur. Ainsi ce dimanche où j'écris, deux livres à thème religieux continuent à se disputer les places de tête au hit-parade des meilleures ventes dans les hebdomadaires. L'un, il est vrai, est du pape, qui demeure le pape même quand ce qu'il dit ne nous plaît pas toujours. Par ailleurs, mon quotidien régional titre de son côté sa page du dimanche par : « Le comportement des Français : finie la course au toujours plus[1]. » Une vraie révolution ! Oui, quelque chose dans l'extrême profondeur est en train de bouger. La société de consommation se fatigue, comme se fatiguera bientôt la société de communication fondée sur les logos, les images et les écrans. L'homme de cette fin de millénaire finit par se lasser des jouets qu'on lui invente, avec des machines, en le réduisant au chômage. Également, il finit par prendre conscience que le contenu (la pensée) est plus important que le contenant (les engins, les robots, les gadgets, etc.).

Et cet homme-là n'est pas un individu isolé. Il est légion. Il suffit de songer à l'énorme masse de ceux qui, loin des coups de flash des médias, se dévouent obscurément à une cause ; à ces millions de gens que l'effondrement du marxisme a laissé orphelins et qui « quelque part », comme on dit, restent disponibles ; à cette foi chrétienne

1. *Le Républicain lorrain,* 27 novembre 1994.

qui perdure, comme une braise, au tréfonds des consciences.

Gageons que demain donnera raison à la prophétie si souvent citée de Malraux, qui voyait un XXIe siècle mystique... Oui, des graines germent dans la terre humide de ce millénaire en sa période automnale : elles annoncent qu'envers et malgré tout, par-delà toutes les crises, aussi dures soient-elles, l'avenir est à l'espoir.

Pour l'heure, nous n'en sommes encore qu'au stade de l'adolescence de l'humanité exclusivement portée par la dynamique, le flux ascendant de la vie à peine consciente, happée du dehors par le bruit des médias et des modes, du dedans par l'éveil des forces biologiques qui la portent entièrement sans qu'elle ait le moins du monde besoin de quelque autre soutien. Une adolescence qui ajoute toutefois à une forte affirmation du moi une grande fragilité, comme en témoigne sa dépendance aux mille drogues et gadgets qui font son quotidien.

Ainsi coexistent des humanités parvenues à des âges très différents. Le gros de la troupe persiste à des stades infantiles, soumis à la règle de la stricte obéissance qu'appliquent si scrupuleusement les champions de l'islam et si dévotement bon nombre de chrétiens de toutes confessions, même s'ils sont de moins en moins nombreux en Occident. Cette humanité massivement demeurée dans les dispositions de l'enfance se situe par référence à une transcendance qui la dépasse, comme le père passe l'entendement de l'enfant qui doit lui obéir sans toujours bien comprendre. Sa foi n'est pas contestable, même si c'est celle du charbonnier, et sa fidélité est, à n'en pas douter, bénie du Seigneur. Puis vient l'humanité dans sa phase adolescente, parfaitement illustrée depuis deux siècles en Occident par l'émergence de la pensée moderne, par l'émancipation générale des consciences vis-à-vis de toute autorité extérieure (surtout religieuse) qui leur imposerait, sans autre forme d'explication ou de justification, des comportements stéréotypés. Telle est bien la caractéristique essentielle de la modernité. Vient enfin une humanité vraiment et enfin libérée, mais au sens postmoderne du mot, c'est-à-dire délivrée de son énorme ego individuel et collectif, caractéristique de l'actuelle modernité ; abandonnée à l'Être, clairement reliée à la transcendance, à l'« Être essentiel », par une relation qui n'est point celle de l'enfant soumis, dominé, mais de l'enfant confiant qui « s'abandonne » à son père et à sa mère qui, en retour, à l'instar de l'Être divin, ne l'abandonnent jamais. Paradoxale est donc cette humanité adulte et en même temps enfantine – non point infantile –, mais autant que peut l'être la vie elle-même qui, finalement, ne peut s'appréhender autrement que par ses paradoxes. Libérée et abandonnée : telle sera l'humanité future, actuellement en laborieuse phase de libération, mais loin encore d'être parvenue à la phase ultime de la responsabilité assumée et de l'abandon accepté à Dieu.

Un Dieu senti et ressenti comme un souvenir d'enfance ou une nostalgie, mais surtout comme un manque. Car ce monde est en manque de Dieu. Malgré un énorme non-dit, des intuitions momentanées et fugitives, des interrogations et des incertitudes promptement dissimulées sous la tunique de Nessus d'une modernité impavide qui contient le langage et réprime la pensée, Dieu n'est assurément point à la mode, même si son cadavre bouge encore. Il « suinte » pourtant partout, car le sol et le sous-sol, les caves et les bases de notre civilisation en sont encore tout imprégnés.

Lorsque les Églises auront renoncé à toute velléité de pouvoir pour mieux refléter l'image de leur fondateur (ce sera une véritable révolution), lorsqu'elles auront accepté de jouer le jeu de la postmodernité telle que nous l'avons définie, lorsqu'elles ne subsisteront que grâce à l'énorme potentiel de générosité et de confiance en Dieu des centaines de millions de chrétiens répandus à travers le monde – alors du neuf pourra s'édifier sur du très vieux, tandis que refleuriront les communautés de base à l'instar de celles de l'Église primitive. Une société de communion se substituera alors à la société de communication et de consommation. Car il faudra également que les arrogants symboles des grands pouvoirs contemporains, surtout dans l'ordre économique, ceux qui clignotent au sommet des gratte-ciel dans la nuit de nos mégalopoles, en lieu et place des clochers – nous laisserons à chacun le soin d'y mettre un nom –, reculent, s'effacent, s'usent et dépérissent ; qu'après nous avoir tant fatigués, ils se fatiguent eux-mêmes avant que notre monde exténué ne s'effondre, tué par ses propres excès.

Exprimant en cela le fondement même de son éthique, laquelle n'est pas « moderne », mais remonte aux premières naissances de l'homme à la conscience, la postmodernité ajoutera à la liste des droits de l'homme, qu'elle conservera intégralement, une formule très simple qui exprime cette fois un devoir et suppose une réciprocité dans les relations humaines : « Aime ton prochain comme toi-même ! » Ce devoir n'est-il pas déjà repris par de nouvelles éthiques aujourd'hui définies sans aucune référence à la transcendance[1] ? Ne s'exprime-t-il pas jusque dans ces étranges religions laïques, sortes de « religions de synthèse » ou « à la carte », telles que nous en propose Edgar Morin dans *Terre-patrie*[2] (des religions faites de nostalgie plus que d'espérance, dans la mesure où, pour le dire tout net, « il n'y a plus rien après l'enterrement ») ?

La postmodernité réussira la nécessaire synthèse entre cette nostalgie, si caractéristique de la modernité qui a malencontreusement jeté le bébé de la foi avec l'eau du bain clérical – perdant du même coup l'espérance d'une vie après la mort qui habitait nos aïeux –, et ce rêve toujours actuel des premiers chrétiens, celui d'un monde enfin

1. André Grjebine, « L'Éthique sans dieux », *Pour la Science*, n° 202, août 1994.
2. Edgar Morin, *Terre-patrie*, Seuil, 1993.

convivial, fraternel, non limité au caractère temporel et matériel de la vie humaine. Les religions synthétiques ou les éthiques sans Dieu, laborieuses et généreuses constructions de l'esprit humain, élaborées de toutes pièces, sur les seules bases culturelles de la modernité par des hommes sincères, épris d'authenticité, manqueront sans doute toujours ce but. Leurs auteurs, peut-être parce qu'ils n'ont reçu dès les premières engrammations de l'enfance aucune base religieuse, ou bien parce qu'ils ont d'eux-mêmes rejeté toute référence extra-humaine, n'ont pu saisir et reconnaître dans leur propre expérience les signes qui attestent de cette réalité supérieure. Pourtant, comment sortir autrement du labyrinthe de cette laborieuse recherche du sens au terme de laquelle les athées retrouvent *in fine* « l'amour et la solidarité entre les hommes », autrement dit l'essence même d'une divinité qui est amour et vie[1] ? On pense ici avec respect et sympathie à ces innombrables scientifiques et philosophes, nos contemporains, qui, conformément aux règles de la modernité, n'en finissent pas de s'interroger sur Dieu tout en le niant, et ne cessent pourtant de l'accommoder à toutes les sauces de leurs questionnements et incertitudes, empêtrés dans les contradictions d'une époque qui, tout à la fois, rejette et espère, qui, au fond, voudrait mais ne peut croire, devenue étrangement plus ignorante que toutes les générations qui nous ont précédés

1. André Grjebine, *op. cit.*

sur ce qui se passe « après l'enterrement »... et sans doute aussi sur ce qui se passe bien avant !

Ces interrogations et incertitudes – voire ces dénégations péremptoires – forment un énorme non-dit, tant il est vrai que la modernité postule implicitement l'irrecevabilité de la question de Dieu. Croyants et incroyants préfèrent rester cois sur le sujet : c'est le *black-out* complet, aussi bien en privé qu'en public. Dieu est tenu pour mort, qu'on se le dise !

Eh bien non, justement ! Il vit et se révèle à chacun en fonction de ses moyens pour l'accueillir. Il est présent au cœur de nos plus anciennes traditions, mais il nous rejoint aussi à Taizé dans les rassemblements interconfessionnels réunissant des milliers de jeunes. Il est présent en telle personne que j'aime, et en telle autre que j'aime moins. Il ponctue mon quotidien des signes tangibles de sa présence. Trop nombreux, hélas, sont ceux qui n'ont pas appris à les lire. Alors qu'il nous offre des signes, ils exigent des preuves ! Il ne mène aucune guerre à la science, n'exige aucune sorte d'intégrisme, n'entrave en rien nos initiatives et nos activités : simplement, si nous nous enfonçons, si nous nous fourvoyons de notre propre chef, les fruits seront amers et nous en aurons les dents agacées, comme nos ancêtres de l'Ancien Testament. De chacun de nos actes, y compris le plus bénin, nous sommes responsables ; notre conscience dûment formée et éclairée nous dicte nos comportements. Nous sommes responsables devant elle et devant lui. Aucune autre instance ne saurait formuler jugement ou condamnation. Cette prérogative lui appartient, et il est probable qu'il condamne peu. Mais sa clémence ou sa sévérité passent notre entendement, tout comme le problème de la souffrance et du mal. Nous ne comprendrons que plus tard, quand nous aurons franchi le pas ultime qui scelle une vie humaine et la fait basculer du côté de l'éternité.

La modernité a certes libéré l'homme des fausses images de Dieu, archaïques et oppressantes : le Dieu vainqueur, le Dieu des armées, le Dieu justicier et souverain juge, le Dieu dont la majesté fait trembler, etc. Mais elle nous a en même temps asservis à notre propre petitesse, à notre ego envahissant, sans perspective ni profondeur. Notre libération n'en a pas été vraiment une, puisqu'elle nous a privés du meilleur ami de l'homme, le Dieu de Jésus-Christ.

ÉPILOGUE

Il était passionné dès sa plus tendre enfance par la beauté du ciel ; il le scrutait longuement les nuits sans lune. Mais il aimait aussi la lune, surtout lorsqu'elle se levait, grasse et rondouillette, à peine brouillée par les premiers filaments de brume automnale. Cette passion du ciel ne l'avait jamais quitté. Toutefois, une faiblesse en mathématiques avait failli le décourager de ce qu'il pensait être sa vocation : il voulait devenir astronome – astrophysicien, dirait-on aujourd'hui. Il rêvait de nuits passées sous une coupole, l'œil vissé à l'extrémité de sa lunette, à dénombrer les étoiles qui peuplent l'univers. Un jour qu'il était seul, la nuit, au sommet de la colline, juché sur son perchoir favori, la fourche d'un tilleul, il avait même rêvé de donner son nom à une étoile...

Il avait brillamment rétabli la situation en sortant de math élém. avec mention. Il put ensuite s'inscrire en math sup., puis en math spé., pour atterrir, au terme de ce cursus, à l'observatoire de Haute-Provence. Il pensait donc avoir atteint son but, sa vocation.

C'est avec ferveur qu'il s'adonna à l'étude du ciel, avec, très vite, un penchant marqué pour le plus indéchiffrable, le plus lointain. Il se mit à fréquenter les sociétés savantes, puis les congrès internationaux. En quelques années, il devint l'un des meilleurs spécialistes des galaxies. Au début, il avait éprouvé une certaine fierté à voir ses collègues apposer son nom sur un certain nombre d'entre elles, et il communiqua à leur sujet dans un congrès réuni à Berkeley, puis, l'année suivante, dans une réunion internationale à Yokohama. On le présentait désormais comme un des meilleurs spécialistes mondiaux en la matière.

Pas vraiment ambitieux, du moins le pensait-il, il se souciait cependant de sa carrière en publiant d'abondance – naturellement, toujours en anglais – dans des revues internationales. Ainsi avait-il très tôt gagné ses titres scientifiques grâce auxquels il faisait corps avec ce métier qu'il avait choisi, même s'il ne lui restait plus beaucoup de temps pour contempler le ciel depuis son perchoir au sommet de sa colline. Il lui arrivait parfois d'évoquer encore ces années lointaines, mais, bien vite, les impératifs professionnels, les cours de troisième cycle, les colloques universitaires, les commissions, les comités d'experts, les conférences, les soutenances de thèse de ses élèves l'absorbèrent entièrement.

Puis survint un événement qu'il n'avait ni prévu ni même envisagé : la célèbre Académie de Stockholm lui décerna le prix Nobel pour ses travaux sur les galaxies, plus spécifiquement pour tout un pan de ses recherches qu'il avait consacrées à leur genèse et à leur évolution. Sa vie changea d'un coup. Il lui fallut du jour au lendemain assumer une célébrité médiatique toute neuve, tant il est vrai que les Nobel, à l'instar des grands criminels, sont les seules vedettes à débarquer impromptu dans l'actualité et à s'y faire un nom sans gravir laborieusement les marches des nouveaux métiers de la communication... On l'interrogea sur toutes les chaînes, sur tout et le contraire de tout ; il lui fallut exprimer des opinions, émettre des jugements, formuler des oukases à propos de tout et de rien. Ses inclinations politiques n'avaient jusqu'ici été pour lui qu'une préoccupation secondaire – il avait bien dû donner des gages à tel parti ou tel ministre pour obtenir un équipement coûteux dont il croyait avoir absolument besoin pour la poursuite de ses recherches mais qui se révéla en fait rapidement obsolète et finalement inutile ; il n'avait suivi que de très loin le jeu politique, se contentant d'exprimer, comme tous ses compatriotes, une opinion moyenne par son bulletin de vote. Or, voici qu'on lui demande soudain de s'exprimer sur ses convictions, ses croyances, ses hobbies, ses manies, ses vacances, sa famille, ses enfants. Autant de thèmes qui faisaient partie de sa vie privée et dans lesquels, à dire vrai, il s'était peu investi (sa femme avait parfaitement admis ce qui était à la fois la vocation et la passion, le hobby et le métier de son époux). Participant obligé à de multiples débats, comme il sied à tout Nobel, espèce dont la France est friande et relativement sevrée, il finit par se prendre au jeu de sa jeune célébrité. Sa vie déjà pleine se gava davan-

tage encore d'occupations flatteuses et de rencontres gratifiantes. Partout où il se rend, il est prix Nobel, titulaire d'un honneur et d'une gloire qui ne lui seront jamais arrachés ni par un vote contraire, ni par quelque cabale, ni par l'oubli, puisqu'il appartient désormais à cette aristocratie de l'esprit que les médias respectent et ne relèguent jamais dans leurs placards généreusement peuplés de célébrités déclinantes ou mises à l'écart par quelque séisme politique. Les Nobel avaient remplacé dans les panthéons de la modernité les saints de jadis, encore qu'à la différence de ceux-ci on les vénérait déjà de leur vivant et ils ne suscitaient aucun mouvement de foule, aucun pèlerinage après leur mort.

L'avant-veille de Noël, Jeanne, son épouse, mourut. Tout absorbée par ses courses, elle s'était malencontreusement aventurée à traverser un grand boulevard à l'heure de pointe. Un bus ne put l'éviter et, la renversant, la tua net. Lorsque le coup de téléphone de l'hôpital lui parvint, quelques minutes plus tard, il ne comprit pas ce qui lui arrivait : l'énormité de l'événement le dépassait. Cruellement invité à se prêter aux formalités d'usage, il dut se présenter à la morgue pour l'identification de circonstance. Pétrifié, comme dans un songe, il prit subitement conscience que jamais encore, malgré ses quarante-deux ans, la mort ne l'avait visité. Il avait naturellement assisté à bon nombre d'enterrements, généralement tout occupé à réviser mentalement le plan de sa future publication, non concerné par l'événement auquel il se devait d'assister de par ses fonctions et son rang. Or, voici que soudain... Il ne pouvait y croire ! Jeanne, son épouse, que la circulation urbaine à l'heure de pointe avait brutalement arrachée à la vie... Il réalisa soudain combien il l'aimait, mais le lui avait-il seulement jamais dit ? Au cours de ces dernières années, elle n'avait cessé de faire et défaire ses valises, tout en s'efforçant d'éloigner les enfants turbulents de son cabinet de travail tout le temps qu'il s'y tenait enfermé. Accoutumé à accorder à ses deux fils un petit quart d'heure à son retour de l'Observatoire, il s'empressait ensuite de se retirer pour quelques heures encore dans son bureau afin de mettre la dernière main à sa prochaine communication à un symposium ou à un colloque. Voilà qu'il se retrouvait tout seul avec eux, l'employée de maison ayant fait savoir qu'elle ne pourrait lui accorder qu'une heure de plus par jour, du fait d'un emploi du temps déjà surchargé. La défaillance de cette fidèle Portugaise acheva de l'anéantir. La perspective de l'enterrement lui parut une épreuve au-dessus de ses forces. Pourtant, il réussit miraculeusement à faire face. Puis ce fut l'effondrement total. Sa vie entière, toutes galaxies confondues, sombrait dans un trou noir, tandis qu'une interrogation insidieuse envahissait peu à peu son esprit : qu'en était-il du Ciel dont on lui avait parlé autrefois au catéchisme, ce Ciel qu'il avait à peu près oublié au profit du sien, celui des galaxies... ?

Il ne se rappelait plus avoir éprouvé depuis de longues années la moindre angoisse métaphysique. En vérité, il s'était épargné de s'encombrer l'esprit avec ces interrogations qu'il avait une fois pour toutes renvoyées à plus tard. Sans avoir de position bien arrêtée, il pensait vaguement, à l'instar de tant de ses semblables, qu'il y avait peut-être bien quelque chose après la mort, mais qu'il y réfléchirait le moment venu... Ce moment-là était venu, et il n'avait pas réfléchi.

Un trouble persistant l'habitait, reléguant plus loin encore qu'elles ne sont déjà les galaxies auxquelles il avait consacré sa vie. De sa vie, en fait, il ne restait plus trace. Rien, hormis deux marmots que, dans son désarroi, il lui était impossible de sécuriser le moins du monde. Il réalisa alors qu'il n'avait ni frère ni sœur, simplement une multitude de collègues et de relations, quelques amis. Cette dernière et maigre consolation lui semblait d'ailleurs parfaitement illusoire : il était seul, totalement délaissé, y compris par les médias qui, peut-être animés par quelque reste de pudeur – pourtant insoupçonnable dans cet univers –, avaient brusquement cessé de le solliciter. Le deuil était un événement privé, son épouse n'avait jamais occupé la moindre place sur la scène des attractions parisiennes. Il se sentait entraîné avec elle dans un néant vertigineux. Il s'acharna, enfermé dans son cabinet, à manier et remanier ses équations, à titiller ses ordinateurs, puis à coller comme à l'accoutumée son œil à l'objectif de la lunette pour fixer son attention, ne penser à rien d'autre. Mais tout lui paraissait à présent dépourvu d'intérêt.

La science avait été non seulement sa raison de vivre, comme il l'avait longtemps cru, mais aussi son ambition et son orgueil, son statut et sa maî-

tresse. Cette maîtresse, il venait de l'enterrer avec sa propre femme, avec sa vie d'homme célèbre stupidement chavirée dans un banal accident de la circulation sur le boulevard Haussmann, l'avant-veille de Noël.

Il aurait aimé savoir s'il croyait au Ciel ou s'il n'y croyait pas... Dans sa prime jeunesse, à l'époque où il passait la moitié de ses nuits juché sur son perchoir, il avait éprouvé une vive affection – une affection d'enfant – pour Jésus. Il est vrai que la dame du catéchisme en parlait avec une conviction qui l'emportait de loin sur les sermons monotones du curé de village dont les homélies n'avaient jamais retenu la moindre parcelle de son attention. Puis cet emballement de jeunesse s'était tassé avec l'abandon de ce qu'on appelle curieusement la « pratique », sitôt sa communion célébrée. Il n'avait plus eu pour souci que de perfectionner son niveau en mathématiques afin de devenir astrophysicien.

Ces souvenirs pourtant lointains ne cessaient de lui envahir l'esprit, le rendant inapte à poursuivre la moindre recherche. Il dut se décommander au congrès de Leningrad, puis, quelques semaines plus tard, au symposium de Madrid. Il ne parvenait plus à se convaincre qu'un jour il devrait de nouveau paraître dans ce genre de colloques ; ceux-ci lui paraissaient désormais aussi vains que les mondanités auxquelles il n'avait consacré que le temps nécessaire pour répondre à l'idée que se fait le commun des mortels – et, avec lui, ses élites – des charges et obligations d'un prix Nobel.

Trois semaines s'étaient écoulées depuis la mort de Jeanne quand il finit par céder à l'invitation réitérée de son collègue et ami Bernard, qui lui avait témoigné depuis l'accident une attention de tous les instants. En fait, ce dernier ne l'avait pratiquement pas quitté, sans qu'il s'en fût vraiment rendu compte : il dînait même chaque jour avec ses deux fils dans la famille de Bernard. Celui-ci finit par le conduire dans un monastère cistercien. Il s'y sentit encore plus perdu que dans son appartement parisien. Pourtant, les chants entendus le soir à complies, où Bernard s'obstinait à l'entraîner, ébranlèrent en lui une étrange nostalgie, comme s'il existait encore « quelque part » un mince filet de vie qui continuait de s'écouler comme le sang dans ses veines ou l'air dans ses poumons... Chaque soir, les moines chantaient en latin In manus tuas domine, commendo spiritum meum[1] *: c'était la seule phrase latine de leur office. Il se rendit compte qu'il attendait cette phrase, qu'il la guettait, la redoutait et l'espérait tout à la fois. Le quatrième jour, il s'aperçut que, plusieurs fois au cours de cette même journée, son cerveau, son esprit ou son cœur – voire les deux ou les trois à la fois – s'accrochaient curieusement à cette phrase, tournant autour sans parvenir à la déchiffrer vraiment. Le cinquième soir, un mardi, il était comme à l'accoutumée 20 heures 15 quand les moines blancs entonnèrent à nouveau* In manus tuas domine, commendo spiritum meum. *Ce fut comme une explosion.*

1. Entre tes mains, Seigneur, je remets mon esprit.

Tout craqua d'un seul coup dans sa tête, une allégresse insensée le submergea : il se sentait comme aspiré, avec la curieuse impression de ne peser plus rien, et que plus rien ne lui pesait. Il glissait littéralement sur le sol, comme s'il avait marché sur la lune ou qu'une grave perturbation des lois de la gravité s'était subrepticement produite... Une joie d'une intensité inconnue l'avait envahi, plus forte qu'un orgasme. L'élan retomba quelque peu à la méditation qui clôt l'office du soir, cependant qu'il s'entretenait avec Bernard. Il lui semblait avoir été l'objet d'une expérience unique et inouïe qui allait s'estomper et ne se reproduirait plus. Toutefois, le lendemain matin, il se retrouva au lever dans les dispositions qu'il avait connues la veille. Une force neuve semblait s'être emparée de lui, qu'il sentait irradier dans son ventre ; elle l'envahit avec une même intensité au cours de la messe conventuelle, tout en l'incitant à rechercher la solitude. Aussi décida-t-il de partir pour une longue promenade dans les bois voisins de l'abbaye. Il y vécut des heures de bonheur, dans une joie quasi paradisiaque, éprouvant une sorte de réserve à rentrer dans le jeu, à retrouver les autres, de peur de perdre ce qui l'habitait. Chaque soir, à complies, le in manus tuas domine *produisait le même énorme ébranlement, déclenchait ce flux torrentiel qu'il recueillait ensuite dans le silence de sa chambre, face à face avec Dieu. Car c'était bien de Dieu qu'il s'agissait !*

Bernard l'invita à s'ouvrir de cette expérience à un moine, mais il n'en fit rien. Le soir, en particu-

lier, lorsqu'il regardait les étoiles à la manière de l'enfant qu'il avait été, ses bonheurs s'additionnaient et il trouvait le ciel proprement habité. Dans ces états d'une singulière intensité, il éprouvait chaque fois la même étrange impression de perte de poids, en même temps que la sensation inédite d'adhérer « par le ventre » à plus grand que lui.

Ils quittèrent l'abbaye douze jours après la première expérience, sans qu'il eût constaté la moindre diminution de ce qu'il appelait platement « ses symptômes »... Il les retrouva ensuite chez lui, mais ne s'en ouvrit pas davantage à ses fils. Il osait à peine s'avouer que son seul but était désormais de se retrouver seul dans son bureau ou sa chambre pour être immédiatement saisi, ravi. Il estimait que son attitude manquait par trop de sociabilité. Mais l'expérience n'était pas partageable. Qu'il s'animât dans un débat, qu'il s'y donnât à fond, et il ne lui restait plus trace de ce qu'il avait vécu. Il lui fallait alors attendre le soir pour retrouver, dans la solitude de sa chambre, cette même joie qui le transportait !

Cet épisode lumineux ne devait pas le porter sans vagues ni heurts jusqu'à la mort. Ses ravissements s'estompèrent peu à peu, mais leur souvenir s'était si bien imprégné en lui qu'il lui donnait force et courage dans les moments difficiles. Il eut en effet à subir d'autres deuils, notamment en la personne d'un de ses fils, accidenté en montagne. S'étant reconverti dans l'écriture, il eut le désagrément de constater que plusieurs de ses livres se soldèrent par un échec. Quant à l'ami Bernard qui lui était devenu si proche, il vint à quitter la région pour se retirer en Suisse où résidait une partie de sa famille. Il était désormais seul, mais différemment. Seul, mais différent.

Jamais il n'oublia l'événement fabuleux dont il avait été le bienheureux bénéficiaire. N'avait-il pas, des mois durant, entendu la musique de l'Être ? Aussi fit-il sien ce vers de Tagore : « Fais de moi, ô Dieu, une flûte de roseau que tu puisses emplir de ta musique[1] ! »

1. Cette courte nouvelle met en scène un personnage de pure fiction, mais les événements relatés sont réels et ont été soigneusement vérifiés par l'auteur.

Table

Impression réalisée sur CAMERON par BRODARD ET TAUPIN La Flèche
pour le compte des Éditions Fayard en février 1995
Dépôt légal : février 1995 N° d'édition : 6922 – N° d'impression : 1408 L-5
35-30-9399-03/3
ISBN : 2-213-59399-X